Performance and Design of
Super Ferritic Stainless Steel

超级铁素体不锈钢
性能与设计

鲁辉虎 / 著

化学工业出版社

·北京·

内 容 简 介

超级铁素体不锈钢作为一种节镍型低成本不锈钢，具有优异的耐腐蚀性能、良好的导热性能及力学性能，已在诸多领域得到了广泛应用。本书以近年来超级铁素体不锈钢制备理论与新技术方面的研究成果为基础，主要内容包括：概述、超级铁素体不锈钢固溶组织与性能控制、超级铁素体不锈钢析出相与性能控制、超级铁素体不锈钢热轧后析出与性能控制、超级铁素体不锈钢脆性相的回溶与性能控制、超级铁素体不锈钢再结晶组织与性能控制、低温加热制备超级铁素体不锈钢工艺设计等。

全书结合作者的自身研究成果，具有一定的独创价值，系统性、理论性和实用性较强。本书可供广大金属材料、新材料、材料科学等领域的科研人员、技术人员阅读或参考，也可作为相关专业高等院校师生的教学参考书。

图书在版编目（CIP）数据

超级铁素体不锈钢性能与设计/鲁辉虎著．—北京：
化学工业出版社，2023.11
ISBN 978-7-122-44182-9

Ⅰ.①超… Ⅱ.①鲁… Ⅲ.①铁素体钢-不锈钢-性能-研究②铁素体钢-不锈钢-设计-研究 Ⅳ.①TG142.71

中国国家版本馆 CIP 数据核字（2023）第 180269 号

责任编辑：朱　彤　　　　　　　　　文字编辑：毕梅芳　师明远
责任校对：宋　玮　　　　　　　　　装帧设计：刘丽华

出版发行：化学工业出版社（北京市东城区青年湖南街 13 号　邮政编码 100011）
印　　装：北京科印技术咨询服务有限公司数码印刷分部
710mm×1000mm　1/16　印张 11¾　字数 238 千字　2024 年 8 月北京第 1 版第 1 次印刷

购书咨询：010-64518888　　　　　售后服务：010-64518899
网　　址：http://www.cip.com.cn
凡购买本书，如有缺损质量问题，本社销售中心负责调换。

定　　价：98.00 元

前言

随着经济持续快速发展，我国已成为不锈钢消费及生产大国。在当前"碳达峰"和"碳中和"的目标和要求下，核电站作为我国能源供应体系的重要分支，正在成为新能源的重要组成部分。凝汽器良好的水密性，对确保现代大型电站特别是核电站和直流锅炉电站的安全可靠性以及电站的连续、长期、满负荷运行具有重要意义。正确选用换热管是保证凝汽器水密性的前提，目前我国核电站已经成功地将超级铁素体不锈钢管应用于电站凝汽器中。

超级铁素体不锈钢作为不锈钢技术的新发展方向，是一种节镍型低成本不锈钢，由于其镍含量低、耐氯离子腐蚀性能好、综合运行成本低，近年来已成为新建滨海核电站凝汽器换热管的主要材料。此外，由于其具有优异的耐腐蚀性能、良好的导热性能及力学性能，目前主要应用于热交换器领域，在石油化工、地热能、海水淡化等领域也得到了广泛应用。因此，自主开展超级铁素体不锈钢的制备理论与技术研究，具有重要的现实意义和应用价值。

本书是笔者近年来关于超级铁素体不锈钢开发与制备技术研究成果的系统总结，在撰写时还重点考虑将研究理论、科研成果转化为生产实际。全书围绕超级铁素体不锈钢的成分设计、组织演变规律、析出相控制、性能优化等方面内容，重点介绍了超级铁素体不锈钢生产及应用过程中存在的主要问题以及解决途径，旨在为从事超级铁素体不锈钢生产与研究人员提供必要的参考。本书内容涵盖超级铁素体不锈钢固溶组织与性能控制、超级铁素体不锈钢析出相与性能控制、超级铁素体不锈钢热轧后析出与性能控制、超级铁素体不锈钢脆性相的回溶与性能控制、超级铁素体不锈钢再结晶组织与性能控制、低温加热制备超级铁素体不锈钢工艺设计等。

本书所著研究成果获得了国家自然科学基金（52105408）、山西省基础研究计划（20210302124205）、山西省重点研发计划（201603D421026）、中北大学高层次人才科研启动经费等的支持。在本书成稿过程中，得到了太原理工大学梁伟教授的指导与帮助；太原钢铁集团技术中心李建春研究员也对本书部分研究成果的获得提供了宝贵支持。此外，中北大学研究生邢泽宙、韩建杉同学在本书的校对和整理等方面做了大量工作，在此一并表示感谢。

由于作者水平有限，书中难免有疏漏和不足之处，恳请广大读者批评、指正。

著者

2023 年 9 月

目录

第3章 超级铁素体不锈钢析出相与性能控制 / 050

第1章

概　述

1.1　铁素体不锈钢简述

不锈钢具有良好的耐腐蚀性能和力学性能，根据相组成不同可以将其分为铁素体不锈钢、奥氏体不锈钢、双相不锈钢（奥氏体＋铁素体）、马氏体不锈钢及沉淀硬化不锈钢等。铁素体不锈钢不含或者含少量镍元素，与奥氏体不锈钢相比，是一种节镍型低成本不锈钢。铁素体不锈钢热导率高、热膨胀系数小、抗氧化性能好、耐腐蚀及成型性能较好，广泛应用于家电行业、汽车工业、建筑行业以及海水淡化等领域。高牌号铁素体不锈钢的耐腐蚀性能可与奥氏体不锈钢及镍基合金相媲美。

随着经济快速发展，我国已成为不锈钢消费大国及生产大国。自 2010 年以来，我国不锈钢的年产量逐年上升，2021 年不锈钢产量约为 3263.3 万吨，约占全球总产量的 58.0％。2021 年我国不锈钢表观消费量约为 2791.1 万吨，已成为全球不锈钢消费量第一大国，见图 1-1。虽然我国不锈钢产量高，但铁素体不锈钢品种产量仅占约 19.2％，占比过低，品种结构不尽合理，与发达国家相比仍有差距。因此，需要大力发展铁素体不锈钢特别是高牌号铁素体不锈钢，优化不锈钢产品结构，减少 Ni 元素的过度消费。

超级铁素体不锈钢（super ferritic stainless steel）是一种高牌号超纯铁素体不锈钢。因含有高含量的铬（Cr）和钼（Mo）元素，超级铁素体不锈钢表现出优异的耐腐蚀性能，还具有良好的导热性能及力学性能，已大范围用作腐蚀性环境下的低成本换热材料，如替代铜管及钛管制造滨海核电站用凝汽器。但由于超级铁素体不锈钢中 Cr、Mo 元素含量高，钢中易形成多种第二相，易导致析出脆化及耐腐蚀性能降低，增加了生产控制难度，并限制了其应用领域及服役环境。因此，深入研究超级铁素体不锈钢的析出行为、再结晶机制、脆化机理，并提出优化及改善措施，可为优化超级铁素体不锈钢的生产工艺并扩大其应用领域提供理论基础及技术支撑。

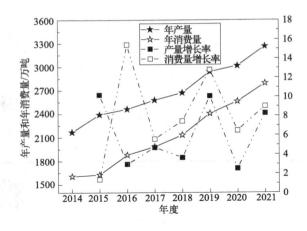

图 1-1 我国近几年不锈钢生产和消费情况

1.2 超级铁素体不锈钢的发展历程

超级铁素体不锈钢的研发工作，最早可以追溯至 20 世纪 60 年代至 70 年代。1970 年美国 Allied Vacuum Metals 公司的 D. Schwartz 等开发了 Brite 26-1 超纯铁素体不锈钢，这也是最早商业化应用的超级铁素体不锈钢。受制于钢液纯净化技术水平较低，钢中 C、N 杂质元素含量较高，材料晶间腐蚀的风险较大。1966 年美国杜邦公司的 M. A. Streicher 等系统研究了 Fe-Cr-Mo-Ni 系列铁素体不锈钢的组织及性能，基于熔炼过程 C、N 纯净化技术的发展，于 1974 年成功开发了 29Cr-4Mo 系列超级铁素体不锈钢。该系列不锈钢在氯离子环境中具有良好的耐腐蚀性能，但由于熔炼成本较高，限制了该钢种的广泛应用。随着氩氧脱碳法（argon oxygen decarburization，AOD）和真空吹氧脱碳法（vacuum oxygen decarburization，VOD）等技术的发展，加之 Nb、Ti 稳定化元素的添加使用，1974 年德国 Deutsche Edelstahlwekes 公司的 R. Oppenheim 等成功开发了 28Cr-2Mo 系列超级铁素体不锈钢。同年瑞典的 Nyby-Uddeholm 公司开发了 Monit 等系列钢种。随后，美国的 Allegheny Ludlum 公司开发了 AL29-4C 牌号超级铁素体不锈钢。1977 年，美国 Plymouth 公司的 Sea-Cure（海优钢）超级铁素体不锈钢也随之问世，成功代替钛管与铜管用于以海水为冷却介质的热交换器，并成为当时世界上使用量最大的超级铁素体不锈钢管。1972 年前后，日本也相继开展了超级铁素体不锈钢的研发，例如住友金属开发的 FS10 及 JFE 集团的 SUS44J1 等系列不锈钢。经过 50 余年的发展目前国外已经形成了多个系列牌号，其典型超级铁素体不锈钢牌号与成分特点见表 1-1。

进入 21 世纪以来，我国太原钢铁集团（简称太钢）、太原维太新材科技有限公司、钢铁研究总院、宝武钢铁集团、东北大学、太原理工大学、中北大学等单位也相继开展了超级铁素体不锈钢的研究工作。2010 年太钢集团开发了 00Cr27Mo4Ni2NbTi（海酷 1 号）及 00Cr27Ni2Mo3 型超级铁素体不锈钢焊管等，其产品力学性能均已达到或超过美国 Plymouth 公司的 Sea-Cure 钢管水平。2015 年宝钢集团开发 B446 型超级不锈钢并成功商用，应用于海外某电站凝汽器项目。

表 1-1　国外典型超级铁素体不锈钢牌号与成分特点

Cr 含量	成分特点	商业名称	UNS 牌号	所属国家及企业
26%Cr	26Cr	26-1	S44600	
	26Cr-1Mo	AL26-1 E-Brite	S44627	美国 Allegheny Properties Inc.
	26Cr-1Mo/Nb	SR26-1	—	—
	26Cr-4Mo/Nb	SR26-4	—	—
	26Cr-3Mo-2Ni	Sea Cure	S44660	美国 Plymouth Tube
	26Cr-4Mo-4Ni	Monit	S44635	瑞典 Nyby Uddehotm
28%Cr	28Cr-2Mo	DIN 1.4575	—	德国 Thyssen Krupp Nirosta
29%Cr	29Cr-4Mo	29Cr-4Mo	S44700	美国杜邦
	29Cr-4Mo/Nb	AL29-4C	S44735	美国杜邦
		USINOR 290Mo		法国 Vallourec
	29Cr-4Mo-2Ni	AL29-4-2	S44800	美国杜邦
		FS10		日本住友金属
	29Cr-4Mo-4Ni	290Mo	—	法国 Vallourec
30%Cr	30Cr-2Mo	SR30-2 SUS44J1	—	日本 JFE 集团

1.3　超级铁素体不锈钢的合金化

铁（Fe）、铬（Cr）、钼（Mo）元素的恰当匹配是保证超级铁素体不锈钢独特耐腐蚀性能的决定性因素。碳、氮的控制水平与铬、钼的复合加入量以及镍、铌、钛的合金化措施是决定此类钢的冶金生产性与后续加工性以及制造和使用成本高低的关键所在。

（1）铬和钼

铬是铁素体相形成元素，当铬的质量分数大于 13% 时，在铁铬相图的整个温度区间都为完全 α-铁素体相区。铁-铬二元合金平衡相图见图 1-2。铬和钼是使超级铁素体不锈钢具有耐腐蚀性能的最关键合金元素。在氧化性介质中，Cr 能迅速生成 Cr_2O_3 钝化膜，使不锈钢在腐蚀环境中即使遭到破坏也能很快恢复。

铬还可以在一定程度上改善抗拉强度和硬度，起到固溶强化的作用。但随着 Cr 含量的增加，Cr 元素会加速铁素体不锈钢中 σ-相的形成和析出，使超级铁素体不锈钢产生脆化倾向。因此，Cr 元素的含量越高，铁素体钢的韧性越差，其脆性转变温度越高。钼的加入赋予铁素体不锈钢更优异的耐腐蚀性能。铁素体不锈钢中添加的钼元素可以促进铬元素向钝化膜集中，并提高钝化膜的稳定性，改善钝化能力，提高材料的耐点蚀和耐缝隙腐蚀性能。此外，钼元素还可以通过固溶强化的方式，提高铁素体不锈钢的硬度、强度。但钼元素的加入也会导致脆性转变温度的提高，并加速 σ-相等脆性相的析出。

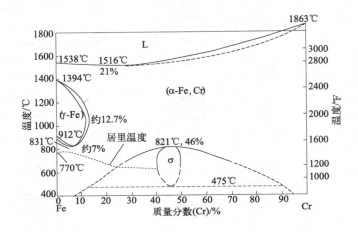

图 1-2　铁-铬二元合金平衡相图

超级铁素体不锈钢含有 Cr（25％～32％）、Mo（1％～4.5％），其等效耐点蚀当量（PREN 或 PRE，为 Cr％＋3.3％Mo）超过 35。Fe-Cr-Mo 合金中 Cr 和 Mo 元素含量对耐点蚀性能的影响见图 1-3。高含量 Cr、Mo 元素的协同添加使超级铁素体不锈钢具有优异的耐点蚀、耐缝隙腐蚀性能。其中，高牌号的超级铁素体不锈钢的耐腐蚀性能与超级奥氏体不锈钢及镍基合金相当。同时，超级铁素体不锈钢也具有铁素体不锈钢的共性特点，如热导率高、膨胀系数低等。

（2）碳和氮

碳和氮是超级铁素体不锈钢中的杂质元素，应尽可能降低其在钢中的含量。目前主要采用氩氧脱碳法和真空吹氧脱碳法（AOD＋VOD）获得高纯净度超级铁素体不锈钢坯。超级铁素体不锈钢中的碳、氮含量的增加可显著提高材料的韧脆转变温度（ductile-brittle transition temperature，DBTT），并恶化材料的耐腐蚀性能，特别是耐晶间腐蚀性能。超级铁素体不锈钢中碳和氮元素的总含量一般不超过 250mg/kg。此外，还可以通过增加稳定化元素的方式进一步降低碳和氮元素对性能的不利影响。间隙元素（C 和 N）原子含量对 2.5mm 厚 26Cr-3Mo 合金冲击韧性的影响见图 1-4。

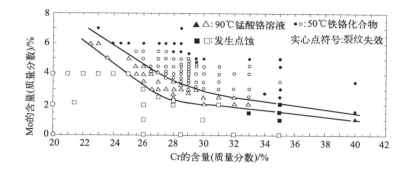

图 1-3　Fe-Cr-Mo 合金中 Cr 和 Mo 元素含量对耐点蚀性能的影响

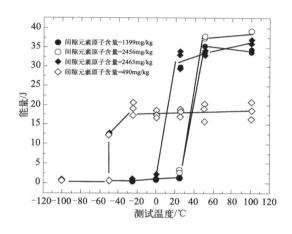

图 1-4　间隙元素原子含量对 2.5mm 厚 26Cr-3Mo 合金冲击韧性的影响

（3）铌和钛

为了消除碳、氮等杂质元素带来的不利影响，超级铁素体不锈钢中多采用铌、钛单独添加的单稳定化措施或铌钛复合加入的双稳定化措施来稳定碳、氮元素。在钢中，Nb 易与 C 结合，Ti 易与 N 结合。Ti 在钢中还可以形成 TiO_2、Ti_2S 等，有效固定超级铁素体不锈钢中的 O、S 元素。Nb 还可以提高铁素体不锈钢的高温强度。Ti 不仅可以提高铁素体不锈钢的焊接性能，还起到抑制 Fe_3Nb_3C 析出并保证钢中固溶的 Nb 含量不被异常消耗的作用，从而确保材料在长时间高温时效后依旧具有优良的高温强度。铌、钛的加入可以减少钢中铬的碳氮化物的生成，有效降低钢的晶间腐蚀倾向。此外，铌、钛的碳氮化物析出，还有钉扎晶界、促进铁素体组织细化的有利作用。另外，在热加工过程中，细小的铌、钛的碳氮化物可以作为形核质点促进再结晶的进行。

超级铁素体不锈钢中稳定化元素 Nb 和 Ti 的加入量与钢中 C 和 N 的元素含量相关，它们之间的关系见图 1-5。以 25Cr-3Mo 合金为例，Nb 和 Ti 的加入量可以按下式确定：[Ti+Nb]=0.08+8[C+N]；[Ti+Nb]=0.2+4[C+N]。如果进一步要求合金的 DBTT 低于−30℃，Nb 和 Ti 的加入量还可以按照下式确定：[Nb+Ti]=0.0025+6[C+N]，其中 [C+N]<0.015%。

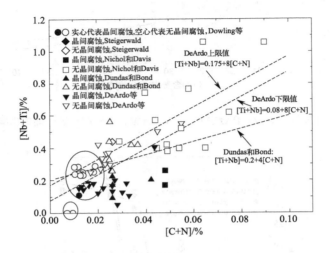

图 1-5 Nb 和 Ti 元素的加入量与 C 和 N 元素含量的关系

（4）镍

在超级铁素体不锈钢中，镍元素主要起到提高强度与室温韧性、降低韧脆转变温度、提高耐腐蚀性能等作用。但其过量的加入也会给超级铁素体不锈钢的耐应力腐蚀带来不利影响。因此，超级铁素体不锈钢中添加了 0.5%～4.5% 的镍元素。镍含量对 25Cr-3Mo 合金耐点蚀性能及韧性的影响见图 1-6。

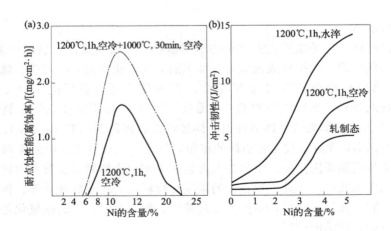

图 1-6 镍含量对 25Cr-3Mo 合金耐点蚀性能及韧性的影响

（a）耐点蚀性能（50g FeCl₃、1.83g HCl 溶液于 50℃ 浸泡 48h）；（b）韧性

1.4　超级铁素体不锈钢中的织构

　　铁素体不锈钢轧制变形和退火过程中将出现择优取向的现象，择优取向现象也可以通过织构来描述。铁素体型钢中常见的织构类型主要包括 α-纤维织构（<110>//RD）、γ-纤维织构（<111>//ND）、η 纤维织构（<001>//RD）及 θ-纤维织构（<001>//ND）等。典型晶体取向的示意图及其在 $\varphi_2 = 45°$ 取向分布函数（orientation distribution function，ODF）图中的位置见图 1-7。钢中择优取向的出现将显著影响材料的力学性能、塑性成型性能及磁性能。因此，不同钢种对织构类型的要求不尽相同。典型铁素体型钢对织构的要求见表 1-2。

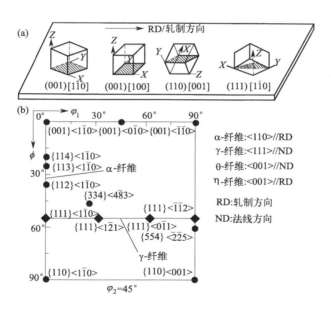

图 1-7　典型织构组分取向示意图及其在 $\varphi_2 = 45°$ ODF 图中的位置

(a) 取向示意图；(b) $\varphi_2 = 45°$ODF

表 1-2　典型铁素体型钢对织构的要求

钢种	性能目标	织构要求
深冲钢（如 IF）	良好的成型性能，高 r 值，低 Δr 值	{111}//ND
铁素体不锈钢 （如 Fe-16%Cr）	良好的成型性能，高 r 值，低 Δr 值 避免出现褶皱现象	{111}//ND 或完全随机取向
电工钢（如 Fe-3%Si）	低铁损，高磁感	<001>//RD，高斯织构

铁素体不锈钢冷轧退火板带主要通过成型加工工艺制造各种零部件。为了保证塑性成型过程中材料拉伸成型程度，并避免表面褶皱现象的出现，要求具有均匀的 γ-纤维织构。而铁素体不锈钢中组织及织构演变与其塑性变形及热履历密切相关。因此，通过控制工艺参数获得目标织构是铁素体不锈钢组织调控的主要目标之一。

铁素体不锈钢的生产一般经历热轧、固溶、冷轧及再结晶退火等过程。由于铁素体组织层错能高，热轧过程中再结晶过程不充分，主要形成回复组织。因此，热轧织构具有典型轧制变形特征，主要为 α-纤维、γ-纤维及<001>//ND 织构，如 {332}<113>及 {113}<110>组分。铁素体不锈钢冷轧变形机制主要以位错滑移及晶粒转动为主。随着变形程度的增加，位错密度逐渐增加，并出现剪切带，最终形成变形织构，主要包括 α-纤维与 γ-纤维，但主要集中在 {112}<110>组分。冷轧压下率继续增大，将进一步转向 {223}<582>组分。冷轧组织再结晶退火过程中，由于取向形核及择优长大的影响，材料中将形成单一的 γ-纤维织构（均匀 γ-纤维织构组分或主要集中 {111}<112>组分）。常见铁素体钢中的典型组织和织构见表 1-3。

表 1-3　常见铁素体钢的典型组织及织构

状态	特征	低碳钢	Fe-16%Cr(不锈钢)/Fe-3%Si(硅钢)
热轧	组织	细小铁素体晶粒	沿厚度方向变形不均匀，心部未再结晶，表层晶粒粗化，形成亚晶界
	织构	随机取向 沿厚度方向分布均匀	织构沿厚度方向分布不均匀 心部：强 α-纤维织构与 γ-纤维织构 表层：剪切织构，{011}<100>，{112}<111>
冷轧	组织	晶粒沿轧向伸长，出现剪切带	织构沿厚度方向分布不均匀
	织构	α-纤维与 γ-纤维织构增强 压下率<75%：{112}<100>；α,γ-纤维织构 压下率>75%：{111}<110>；α,γ-纤维织构	心部：α,γ-纤维织构。其中，{112}<110>，{111}<110>增强 表层：α,γ-纤维织构增强，{001}<110>较强
再结晶	组织	压下率<80%：剪切带优先形核，{111}//ND 优先再结晶	
	织构	α-纤维织构减弱（{111}<110>除外） 剪切带增多则高斯取向增强 强的{112}<110>轧制织构引起强的{111}<112>再结晶织构	

超级铁素体不锈钢中的 Cr、Mo 含量高，材料的层错能更高，其再结晶温度也显著提高。热加工过程中更容易发生回复过程，很难完成再结晶。此外，由于存在中温析出脆性问题，为了避开脆性析出温度区间，超级铁素体不锈钢的终轧温度较高，其随后热处理加热温度也明显高于普通铁素体不锈钢。因此，超级铁素体不锈钢的组织细化和织构优化控制比较复杂，与普通铁素体不锈钢组织控制相比难度更大。

1.5　超级铁素体不锈钢中的第二相

超级铁素体不锈钢中 Cr 含量高，钢中还添加了 Mo、Nb、Ti 等合金元素，而钢中的 C、N 元素又不可避免，所以钢中容易形成碳氮化物以及 σ-相、χ-相、拉弗斯相［Laves(η)］相等金属间化合物。超级铁素体不锈钢中第二相的形成，将显著影响材料的表面质量、成型性能、冲击韧性及耐腐蚀性能等。因此，超级铁素体不锈钢生产过程中需要严格控制第二相的形成。

（1）$M_{23}C_6$ 型——$Cr_{23}C_6$

由 Fe-Cr-C 相图可知（见图 1-8），含碳高铬铁素体不锈钢（25%～32%Cr）中将形成 $(Fe,Cr)_{23}C_6$ 型碳化物，其形成温度约为 427～927℃。碳元素在铁素体不锈钢中的固溶度很低，Cr 元素含量越高其溶解度越低。此外，随着温度的下降，碳的固溶度明显降低。因此，含有碳元素的铁素体不锈钢在加热后的冷却过程中将会产生 $(Fe,Cr)_{23}C_6$。特别是高 Cr 铁素体不锈钢，即使快速冷却也不能完全避免 $(Fe,Cr)_{23}C_6$ 的形成。由于 $(Fe,Cr)_{23}C_6$ 元素中 Cr 元素含量约为 94%，一旦析出将引起钢中 $(Fe,Cr)_{23}C_6$ 颗粒周围 Cr 含量降低，形成贫 Cr 区，降低材料的耐腐蚀性能。此外，$(Fe,Cr)_{23}C_6$ 在晶界高温析出也将引起材料的脆化。因此，应严格控制热加工工艺参数，避免形成 $(Fe,Cr)_{23}C_6$，保证材料的韧性及耐腐蚀性能。

（2）Cr_2N

铁素体不锈钢中 N 元素易与 Cr 元素形成 Cr_2N、CrN 等氮化物。铬的氮化物的形成将引起 Cr 元素的富集，增加晶间腐蚀的风险，如果在晶界析出，还可能恶化材料的韧性。Cr_2N 析出在高氮不锈钢中比较常见。

（3）MC 型——NbC/TiC/Nb(C,N)/TiN

由于铁素体不锈钢中 Cr 含量高，易与钢中的 C、N 形成 $(Fe,Cr)_{23}C_6$ 及 Cr_2N，并恶化材料的韧性及耐腐蚀性能。因此，需尽可能降低钢中 C、N 杂质的含量。但去除钢中 C、N 元素将显著增加冶炼成本，一般通过适度降低杂质含量后添加 Nb、Ti 元素的方式降低 C、N 的危害。由于 C、N 元素与 Nb、Ti 元素的化学亲和力高于 Cr 元素，因此 Nb、Ti 元素的加入可以避免 $(Fe,Cr)_{23}C_6$ 的形成，避免高温脆性的出现。MC 型颗粒在铁素体不锈钢中随机分布，对不锈钢性能的危害较小。此外，其还能起到钉扎晶界、细化晶粒的作用。

（4）金属间化合物

在高 Cr、Mo 含 Nb 的铁素体不锈钢中容易形成 σ-相、χ-相、Laves 相、α'-相

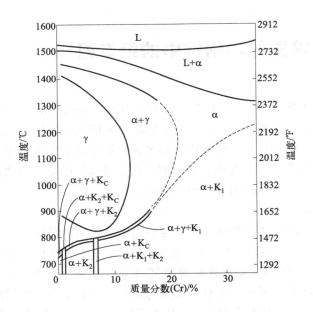

图1-8 含0.05%C的Fe-Cr-C相图截面

$K_C = Fe_3C$，$K_1 = (Fe,Cr)_{23}C_6$，$K_2 = (Fe,Cr)_7C_6$

等四种主要金属间化合物。超级铁素体不锈钢中常见金属间化合物的晶体特征见表1-4。

表1-4 超级铁素体不锈钢中常见金属间化合物的晶体特征

第二相	点阵结构	晶格参数/nm	主要成分
σ-相	体心四方（$P42/mmc$）	$a = 0.88 \sim 0.91, c = 0.45 \sim 0.46$	Fe-Cr 或 Fe-Cr-Mo
χ-相	体心立方（I-$43m$）	$a = 0.8884 \sim 0.893$	$Fe_{36}Cr_{12}Mo_{10}$
Laves 相	密排六方（$P63/mmc$）	$a = 0.475 \sim 0.495, c = 0.770 \sim 0.815$	Fe_2Nb 或 Fe_2Mo
α'-相	体心立方（I-$43m$）	$a = 0.2887$	Fe-Cr

① σ-相。σ-相最早由 W. Trietschke 和 G. Tammnann 在 Fe-Cr 合金冷却过程中发现。σ-相具有体心四方点阵结构，在铁素体不锈钢中主要元素组成为 Fe-Cr 或者 Fe-Cr-Mo。在25%~30%（质量分数）的 Fe-Cr 合金中最易形成 σ-相，其析出温度区间为600~820℃。σ-相既硬又脆，其硬度高达68HRC（约940HV）。σ-相一旦在钢中沿晶界/相界析出，将严重恶化材料的韧性，并增加晶间腐蚀、缝隙腐蚀的风险。

② χ-相。在高 Cr、Mo 铁素体不锈钢中，χ-相常与 σ-相共存，但其尺寸较小。χ-相具有体心立方（bcc）点阵结构，其化学式为 $Fe_{36}Cr_{12}Mo_{10}$。χ-相的析出温度区间为730~1010℃，一般沿晶界析出。χ-相析出将恶化材料的韧性与耐腐蚀性能。

③ Laves(η)-相。在含 Mo、Nb 的铁素体不锈钢中容易形成 Fe_2Nb 或 Fe_2Mo型 Laves 相，其晶体结构为密排六方点阵，析出温度区间为650~750℃，一般在

晶内（位错或亚晶界）析出。由于 Laves 相析出温度区间与 σ-相、χ-相重合，很难单独评价 Laves 相对材料性能的影响，但一般认为 Laves 相析出对材料的韧性及耐腐蚀性能不利。

④ α′-相。α′-相为富 Cr 的 Fe-Cr 金属间化合物，具有体心立方结构，晶格参数为 $a=0.2887\text{nm}$，其析出温度约为 $371\sim550℃$。α′-相析出将引起铁素体不锈钢 475℃ 脆性。

以上四种金属间化合物析出将不同程度地引起材料出现贫 Cr 区，或降低有效 Mo 元素的含量，将危害材料的耐腐蚀性能。此外，这些中间相的析出对材料的韧性不利，容易导致材料脆化，因此铁素体不锈钢生产及使用过程中应该严格避免此类中间相的形成。

1.6　超级铁素体不锈钢的析出与脆性

1.6.1　超级铁素体不锈钢的脆性

Nichol 研究了 29Cr-4Mo-2Ni 合金退火后的力学性能，发现超级铁素体不锈钢中存在两个脆性转变温度区间：一是 $704\sim954℃$ 温度区间，主要由于 σ-相与 χ-相沿晶界析出导致的 σ 脆性；二是 $399\sim510℃$ 温度区间，主要由于 α′-相形成导致的 475℃ 脆性，其等温时效后室温冲击韧性曲线见图 1-9。Streicher 研究了 28Cr-4Mo-2Ni 合金的组织及性能，在 $704\sim927℃$ 范围仅观察到 χ-相与 σ-相，且析出速度较慢，而少量的 σ-相析出对材料耐腐蚀性能影响较小。

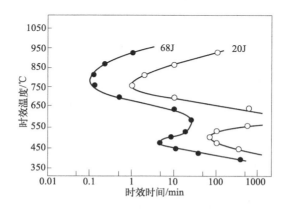

图 1-9　29Cr-4Mo-2Ni 合金等温时效后室温冲击韧性曲线

此外，通常采用焊接工艺将超级铁素体不锈钢管与底板连接制造换热装置。由于钢中 Cr 含量高，易与 C 元素结合形成 $Cr_{23}C_6$ 碳化物，而 $Cr_{23}C_6$ 颗粒沿晶界高温析出后将引起材料脆化，所以焊接热循环过程中容易出现 $Cr_{23}C_6$ 析出脆性，也称为焊接高温脆性。因此，需要严格控制材料的 C、N 含量，并合理添加 Nb、Ti 稳定化元素。此外，超级铁素体不锈钢板厚增加、晶粒粗化等都将引起材料的脆化。

1.6.2 超级铁素体不锈钢的析出行为

De Andrade 等研究 28Cr-4Ni-2Mo-Nb（DIN1.4575）不锈钢发现，经 850℃ 退火后，钢中除了 σ-相外，在晶界处还观察到（Fe，Cr，Ni）$_2$（Nb，Mo，Si）型 Laves 相，但没有观察到 χ-相析出。Ma 等将 Nb+Ti 稳定化的 26Cr-4Mo-2Ni 合金经 800℃ 退火后观察到 σ-相、χ-相、Laves 相三种析出相。其中纳米级 χ-相首先沿晶界析出，而块状 σ-相沿 χ-相在晶界析出，纳米级 Laves 相主要在铁素体晶粒内部析出。以上针对超级铁素体不锈钢中析出相类型的研究结果存在差异，Nichol 与 Streicher 研究中并未观察到 Laves 相析出。

Brown 等研究了 25Cr-3Mo-4Ni 合金的等温析出行为，结果表明在 700～900℃ 范围内观察到 σ-相、χ-相、Laves 相三种析出相。其等温析出曲线（温度-时间-析出，temperature-time-precipitation，TTP）均呈 "C" 形，鼻尖温度在 800～850℃。25Cr-3Mo-4Ni 钢（合金）的 TTP 曲线见图 1-10。钢中添加 Nb、Al 元素时，σ-相形核早于 Laves 及 χ-相［图 1-10(a)］；而添加 Nb、Ti 元素时，Laves 相孕育期较 σ-相与 χ-相短［图 1-10(b)］。针对 Monit（25Cr-4Ni-4Mo-Nb-Ti）钢（合金）的研究发现，Laves 相析出温度低于 670℃，在此温度范围内 Laves 相析出早于 σ-相，而 χ-相析出温度高于 Laves 相但低于 σ-相。在 670℃ 附近 χ-相早于 σ-相析出。Monit（25Cr-4Ni-4Mo-Nb-Ti）钢的 TTP 开始曲线见图 1-11。以上研究均在超级铁素体不锈钢中观察到 σ-相、χ-相、Laves 相三种中间相，但析出动力学研究差异较大，特别是中间相析出顺序、析出温度区间等。

Qu 等比较了 Nb+Ti 稳定化的 27.4Cr-3.8Mo-2.1Ni 与 24.7Cr-3.4Mo-1.9Ni 两种合金热轧板退火过程中的析出及性能。结果表明 950℃ 退火时，在晶界处观察到细小的 σ-相、χ-相，更高温退火后 σ-相消失，仅存在 χ-相，但并没有观察到 Laves 相析出；同时，发现 σ-相析出显著降低了材料的冲击韧性及耐腐蚀性能。Ma 等将热轧 29Cr-3.5Mo-2Ni、30Cr-4Mo-2Ni 超级铁素体不锈钢在 1020℃ 退火后，采用 XRD 检测发现钢中存在 σ-相和 Laves 相析出，但并没有观察到 χ-相析出。Qu 与 Ma 研究均表明中间相的析出会恶化材料的韧性。以上关于高温析出相的研究结果并不一致，Qu 等认为高温下形成 σ-相与 χ-相，而 Ma 等认为高温析出 σ-相和 Laves 相。

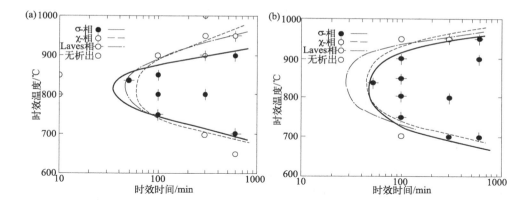

图 1-10　25Cr-3Mo-4Ni 钢的 TTP 曲线
（a）Nb＋Al；（b）Nb＋Ti

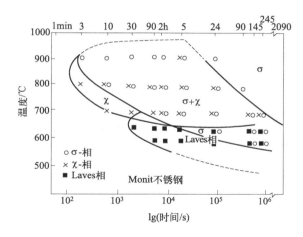

图 1-11　Monit（25Cr-4Ni-4Mo-Nb-Ti）钢的 TTP 开始曲线

1.7　超级铁素体不锈钢的性能

1.7.1　力学性能

　　超级铁素体不锈钢具有优异的室温力学性能以及高温力学性能。海酷一号超级铁素体不锈钢焊管焊缝的室温和高温力学性能见表 1-5。

表 1-5   海酷一号超级铁素体不锈钢焊管焊缝的室温和高温力学性能

温度/℃	抗拉强度/MPa	屈服强度/MPa	断后延伸率/%
23	620	517	25
93	572	455	24
149	538	392	23
204	517	365	21
260	517	345	21

1.7.2 物理性能

超级铁素体不锈钢的物理性能接近普通碳钢。与奥氏体不锈钢相比，此类钢有磁性且具有较高的热导率、高的弹性模量和低的线膨胀系数。这些物理性能特点，使其更适合作为热交换材料使用。

（1）热导率

铁素体不锈钢的热导率低于铜合金和铝合金，但高于奥氏体不锈钢，约为奥氏体不锈钢的 1.3～1.6 倍。在热交换器中，由于铁素体不锈钢热导率较奥氏体不锈钢高，其总的热交换能力高于奥氏体不锈钢，提高了热效率。虽然它的热交换系数不如铜合金和钛，但其强度较高，流体速度受限小，补偿了其总的热交换能力。因此，应用在冷却介质为海水的热交换器中优势明显。海酷一号超级铁素体不锈钢的热导率见表 1-6。

表 1-6   海酷一号超级铁素体不锈钢的热导率

温度/℃	热导率/[W/(m·℃)]	温度/℃	热导率/[W/(m·℃)]
21	16.1	204	19.9
38	16.6	260	21.2
93	17.8	316	22.3
149	18.8		

（2）线膨胀系数

一般情况下，晶体结构越紧密的材料，其线膨胀系数越大。铁素体不锈钢和普通碳钢都具有体心立方（bcc）结构，致密度为 0.68，具有较低的线膨胀系数。而奥氏体不锈钢、铝合金与铜合金都具有面心立方（fcc）结构，致密度都为 0.74，具有较高的线膨胀系数。铁素体不锈钢的线膨胀系数接近普通碳钢，比铜合金和奥氏体不锈钢约低 40%，比铝合金约低 58%。海酷一号超级铁素体不锈钢的线膨胀系数见表 1-7。

表 1-7   海酷一号超级铁素体不锈钢的线膨胀系数

温度/℃	线膨胀系数/℃$^{-1}$	温度/℃	线膨胀系数/℃$^{-1}$
20～100	6.75×10^{-6}	20～260	7.32×10^{-6}
20～150	6.84×10^{-6}	20～370	7.50×10^{-6}

（3）电阻率

铁素体不锈钢的电阻率低于奥氏体不锈钢，但远高于普通碳钢、铜合金和铝合金，其电阻率分别是铝青铜和 6061 铝合金的 7.5 倍和 20 倍。海酷一号超级铁素体不锈钢的电阻率和其他物理性能见表 1-8。

表 1-8　海酷一号超级铁素体不锈钢的电阻率和其他物理性能

密度/(g/cm³)	比热容/[J/(kg·℃)]	电阻率/μΩ·m	弹性模量/GPa
7.7	500	0.66	214

1.7.3　耐腐蚀性能

（1）耐均匀腐蚀性能

超级铁素体不锈钢中 Cr 的质量分数均大于 25%，Mo 的质量分数在 2%～4% 范围内变动，这种高 Cr、Mo 的复合作用，赋予了此类钢良好的耐均匀腐蚀性能。海酷一号超级铁素体不锈钢的耐均匀腐蚀性能见表 1-9。

表 1-9　海酷一号超级铁素体不锈钢的耐均匀腐蚀性能

试验溶液	试验温度	腐蚀速率/(g/h)
1.0%HCl	沸腾,99℃	0.016
10%H₂SO₄	沸腾,102℃	0.024
50%HNO₃	沸腾,109℃	0.041
40%HNO₃	沸腾,116℃	0.028
100%乙酸	沸腾,117℃	0.010
50%甲酸	沸腾,105℃	0.021
10%草酸	沸腾,102℃	0.030
55%NaOH+8%NaCl+3%NaClO₃	沸腾,—	<0.023
50%NaOH	沸腾,143℃	0.025

（2）耐应力腐蚀性能

与奥氏体不锈钢相比，在含氯化物的水介质中，无 Ni 铁素体不锈钢对应力腐蚀不敏感。这主要是由于奥氏体不锈钢具有面心立方结构，在拉应力的作用下易产生塑性变形，从而使奥氏体不锈钢表面钝化膜被破坏，材料的耐腐蚀性能显著下降，易发生应力腐蚀。而铁素体不锈钢具有体心立方结构，在拉应力的作用下不易产生塑性变形，钝化膜不易被破坏，发生应力腐蚀较难。在铁素体不锈钢中加入 Ni，会降低这类钢在沸腾 $MgCl_2$ 溶液中的耐应力腐蚀性能。但在沸腾的 NaCl 溶液中，这类钢仍具有优异的耐应力腐蚀性能。

（3）耐点蚀和耐缝隙腐蚀性能

不锈钢的耐点蚀和耐缝隙腐蚀性能取决于钢中 Cr、Mo 含量，与钢的基体组织是铁素体还是奥氏体无关。当 Cr 的质量分数大于 25% 时，其耐点蚀和耐缝隙腐蚀性能与高 Ni 奥氏体不锈钢和合金相当。在等效耐点蚀当量（PREN）值相同的条件下，铁素体不锈钢的耐点蚀和耐缝隙腐蚀性能与奥氏体不锈钢相当或更优。在热交换器工况条件下，铁素体不锈钢的氯离子允许含量等指标比奥氏体不锈钢高。海酷一号超级铁素体不锈钢焊管的耐缝隙腐蚀性能见表1-10。

表 1-10　海酷一号超级铁素体不锈钢焊管的耐缝隙腐蚀性能

试验温度/℃	被腐蚀位置占比/%	最大腐蚀深度/mm
42.5	95	0.014
40	47	0.03
37.5	20	0.02
35	6.7	0.00

1.8　超级铁素体不锈钢的制备流程

超级铁素体不锈钢主要以热轧退火板或冷轧退火板的形式供货，生产工艺流程包括冶炼→连铸→修磨→热轧→退火→快冷→卷曲→（连续）退火→快冷→酸洗→冷轧→退火→快冷→酸洗→平整等。超级铁素体不锈钢的主要生产流程示意见图1-12。连铸坯厚度约为150～300mm。随着铁素体不锈钢厚度的增加，材料将出现韧脆转变现象。因此，热轧终轧厚度小于6mm，冷轧薄板厚度约为0.5～3mm。

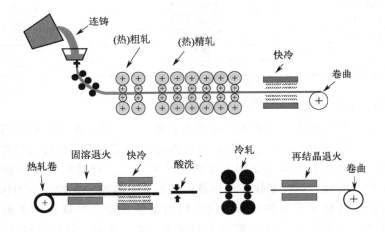

图 1-12　超级铁素体不锈钢的主要生产流程示意

第2章

超级铁素体不锈钢
固溶组织与性能控制

　　超级铁素体不锈钢热轧板经固溶处理（退火）并进行冷轧退火后生产冷轧退火薄板。热轧板在退火过程中将完成再结晶过程。但退火加热保温和冷却过程中还可能形成多种第二相，并将对材料的力学性能产生重要的影响。因此，通过合理的热轧板固溶工艺控制获得细小的再结晶组织，并抑制脆性相的析出是固溶处理的关键。热轧板退火过程中退火温度对组织和析出相演变具有较大的影响，退火温度过高将引起晶粒粗化，而退火温度过低将导致不完全再结晶并引起第二相析出。脆性中间相的形成将严重恶化热轧退火板的力学性能。本章以 27Cr-4Mo-2Ni 超级铁素体不锈钢为例，主要介绍热轧板在高温退火和随后冷却过程中再结晶行为、析出相演变规律；揭示热轧组织对析出行为的影响规律；阐明微观组织和析出相对力学性能的影响机制，揭示纳米级 Laves 相优化再结晶组织织构的微观机理，为超级铁素体不锈钢热轧板设计合理的固溶处理工艺提供技术支撑。

2.1　平衡相图

　　采用热力学软件对超级铁素体不锈钢的热力学平衡相图（简称平衡相图或热力学相图）进行了计算，计算温度范围为 $600 \sim 1600 ℃$。27Cr-4Mo-2Ni 超级铁素体不锈钢的平衡相图见图 2-1。其中，图 2-1(b) 是图 2-1(a) 的局部放大图。由图 2-1(a) 可知，平衡状态下 27Cr-4Mo-2Ni 钢将从 1508℃ 开始凝固，并形成单一的铁素体组织。随着温度继续降低，在铁素体基体中将产生多种第二相。这些第二相主要分为两类：一类为 Nb、Ti 的氮化物、碳氮化物，如 TiN、Nb(C,N)；另一类为金属间化合物，包括 Laves 相和 σ-相。由于 χ-相在超级铁素体不锈钢中为非稳定相，平衡相图中并未观察到 χ-相。由于钢中含有 S、P 等杂质元素，在平衡相图中还出现了硫化物与磷化物。由图 2-1(b) 局部放大图可以看出，TiN 颗粒在液相中形成，其开始形核温度为 1497℃。Nb(C,N) 颗粒在铁素体基体中形成，开始析出温度为 1260℃。Laves 相析出温度为 1006℃，而 σ-相析出温度为 966℃。随着温度降低，Laves 相和 σ-相的析出含量逐渐增加，在 600℃ 平衡态下 σ-相含量达到最大值，其摩尔分数约为 41.3%，而 Laves 相的摩尔分数为 4.3%。

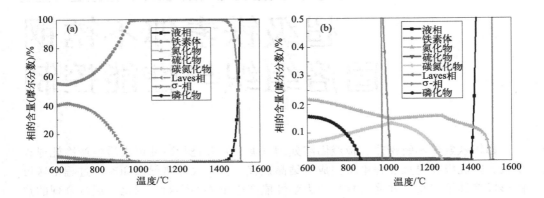

图 2-1 27Cr-4Mo-2Ni 超级铁素体不锈钢的平衡相图
(a) Y 轴为 0~1mol；(b) Y 轴为 0~0.005mol

2.2 热轧组织及性能

2.2.1 热轧组织与析出

图 2-2 为热轧板的金相组织。其中，图 2-2(b) 是图 2-2(a) 的局部放大图。由图 2-2(a) 可知，超级铁素体不锈钢热轧板主要由单一的铁素体晶粒组成。经过大变形热轧后晶粒沿轧制方向 (rolling direction，RD) 明显伸长，并形成了典型的条带组织。在部分变形晶粒内部还形成了一些亚晶 (粒)，亚晶的尺寸约为 2~20μm [见图 2-2(b)]。此外，在部分晶粒内部还观察到了剪切带。超级铁素体不锈钢的热轧温度较高 (980~1150℃)，热轧过程中形成的亚晶粒主要是大变形铁素体晶粒发生动态回复的结果。而剪切带的形成是由于热轧变形过程中轧辊表面与板带表面产生的摩擦力在板材内部引起剪切变形产生的。由于金相观察的局限性，2.3.1 节将通过电子背散射衍射系统 (electron back scattering diffraction，EBSD) 进行微观组织分析。

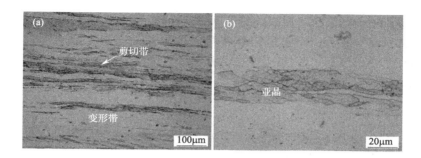

图 2-2　热轧板的金相组织

采用扫描电子显微镜（SEM）中背散射电子（BSE）模式观察热轧板中的析出相，结果见图 2-3。热轧板中主要观察到三类析出相：第一类为具有规则形状的大尺寸块状析出相，在 BSE 模式下其颜色呈黑色（暗色），其形状为规则正方形或三角形；第二类为分布在块状黑色颗粒周围的亮色第二相，其形状为短棒状；第三类为沿晶界分布的亮色细小析出相。BSE 模式下的 SEM 图片衬度，反映了元素的原子序数衬度。因此，亮色区域表明该第二相中含有大原子序数的元素，例如超级铁素体不锈钢中所添加的 Nb、Mo 等大原子序数元素。析出相尺寸测量、统计结果表明，黑色析出相尺寸约为 $5 \sim 10 \mu m$，亮色析出相尺寸约为 $0.5 \sim 1.5 \mu m$。此外，图 2-3 也反映出热轧板中形成了大量的亚晶界（通道衬度）。

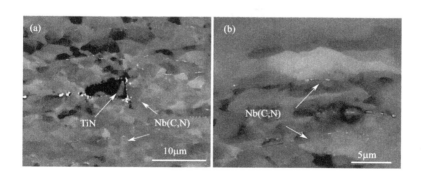

图 2-3　热轧板中的析出相
图（b）为图（a）的局部放大图

采用扫描电子显微镜能谱仪（EDS）对热轧板中的第二相颗粒进行了 EDS 点分析，第二相的成分特征如图 2-4 所示。其中，黑色块状相主要由 Ti 和 N 元素组成，见图 2-4(a) 中 spectrum 1 和 spectrum 2；黑色块状颗粒周围和晶界处亮色的析出相主要由 Nb、C 和 N 元素组成，见图 2-4(a) 中 spectrum 3。第二相颗粒与基体点分析结果具有明显的成分差异，基体点分析结果见图 2-4(a) 中 spectrum 4。

结合图 2-1 热力学计算相图可知，黑色块状析出相为 TiN 颗粒，亮色析出相为 Nb(C,N) 颗粒。采用 EDS 面扫描分析了典型黑色颗粒及其周围区域的元素分布，结果如图 2-5 所示。面扫描结果表明 TiN 颗粒周围有大量的 Nb 元素分布，进一步验证了 Nb(C,N) 沿 TiN 颗粒周围分布的特征。热轧板中沿轧向分布的亮色析出也为 Nb(C,N) 颗粒。热轧板中 TiN 与 Nb(C,N) 颗粒的特征信息见表 2-1。

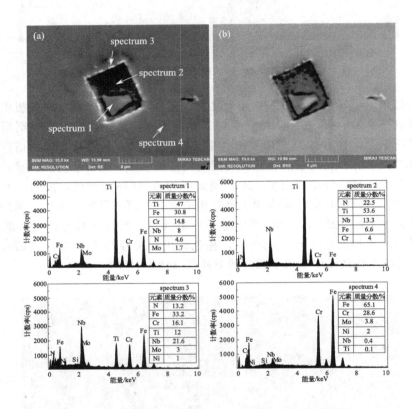

图 2-4 热轧板中 TiN 和 Nb（C，N）颗粒形貌及元素组成

（a）SE（扫描电镜的二次电子信号）模式；（b）BSE 模式

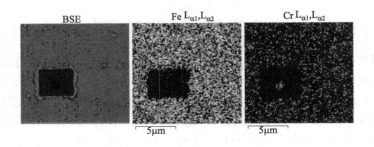

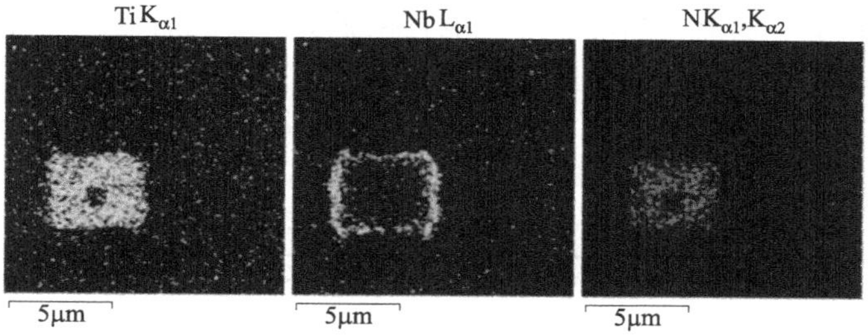

图 2-5　热轧板中 TiN 与 Nb（C，N）颗粒 EDS 面扫描图

表 2-1　热轧板中 TiN 与 Nb(C,N) 颗粒的特征信息

第二相	BSE 衬度	形状	尺寸	成分特点	分布位置
TiN	黑色	规则形状	$5\sim10\mu m$	Ti-N	随机
Nb(C,N)	亮色	短棒状	$1\sim1.5\mu m$	Nb-C-N	TiN 颗粒周围
Nb(C,N)	亮色	短棒状	$0.5\sim1\mu m$	Nb-C-N	晶界

　　钢中第二相的形成与其成分设计特征相关，超级铁素体不锈钢对 C、N 元素的要求比较严格。这是因为铁素体不锈钢中的 C、N 元素会与 Cr 等元素形成 Cr_2N、$Cr_{23}C_6$ 等中间化合物，这些中间化合物的形成将严重恶化材料的韧性与耐腐蚀性能。因此，超级铁素体不锈钢应严格控制 C、N 元素，一般钢中 C、N 的含量均小于 $150mg/kg$。进一步降低钢中的 C、N 含量虽然有利于降低 C、N 元素的危害，但同时将显著增加生产成本。为了减弱钢中残留的 C、N 元素引起的不利作用，基于 C、N 元素与 Nb、Ti 元素化学亲和力强的属性，通过添加 Nb 和 Ti 元素的方式，利用稳定化反应形成 TiN、Nb（C，N）颗粒，从而固定钢中溶解的 C 和 N 元素。因此，热轧板中观察到的 TiN、Nb（C，N）颗粒是由 C、N 元素与 Nb、Ti 元素之间稳定化反应生成的。此外，由于这两种第二相颗粒的生成温度较高［见图 2-1(b)］，其在钢中比较稳定。

　　由计算的平衡相图（图 2-1）可知，TiN 颗粒形成温度高，主要在液相区间形成，所以在热轧板中发现了 TiN 颗粒的随机分布。TiN 颗粒形成后可以作为 Nb（C，N）的异质形核质点，因此在 TiN 颗粒周围发现了大量的 Nb（C，N）颗粒。由于晶界位置界面能较高，因此在热轧及冷却过程中 Nb（C，N）可以沿原始晶界析出，经热轧后观察到如图 2-3 所示的界面析出。

2.2.2　热轧板的力学性能

　　表 2-2 为热轧板的力学性能。由于超级铁素体不锈钢的层错能高，在热轧过程中，主要发生了动态回复过程，钢中位错密度较高，加工硬化仍然存在。因此，超级铁素体不锈钢热轧板的抗拉强度高达 670MPa，屈服强度约为 600MPa，断后伸

长率仅为 14.1%，冲击韧性为 $112J/cm^2$。由于热轧板冷却后需要卷曲成卷，在冷轧前还需开卷校直。因此，热轧板的性能直接影响到热轧后能否正常卷曲，以及卷板的开卷。一般要求，热轧后快速冷却至 600℃ 以下卷曲，应防止卷曲过程中出现由中间脆性相析出引起的裂纹。

表 2-2 热轧板的力学性能

抗拉强度/MPa	屈服强度/MPa	断后伸长率/%	维氏硬度(HV0.1)	室温冲击韧性/(J/cm^2)
670±10	600±10	14±4	252±8	112±7

2.3 固溶处理对组织性能的影响

2.3.1 加热温度对组织性能的影响

2.3.1.1 退火过程组织演变

图 2-6 为热轧板经不同温度（保温时间为 15min）退火后的金相组织。随着退火温度的升高，热轧板中条带状变形组织逐渐转变为等轴状的再结晶晶粒。热轧板

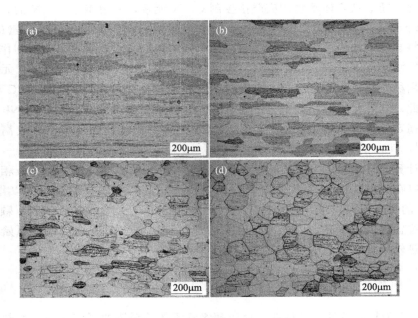

图 2-6 热轧板经不同温度退火后的金相组织

(a) 950℃；(b) 1000℃；(c) 1050℃；(d) 1100℃

经 950℃退火后，仅有很少区域完成了再结晶，大部分区域晶粒仍保持沿轧制方向伸长的状态。此外，再结晶后形成的新晶粒也表现为沿轧制方向伸长状态 [图 2-6(a)]，这可能是热轧板中回复形成的亚晶粒聚合长大的结果。热轧板经 1000℃退火后，变形组织再结晶程度明显提高，大部分区域完成了再结晶，但再结晶晶粒仍然保持沿轧制方向伸长状态。在 1050℃退火后，热轧变形组织基本完成了再结晶，大部分晶粒呈等轴状，但晶粒大小不均匀。其中，仍有个别晶粒沿轧制方向明显伸长。1100℃退火后，晶粒完全呈等轴状，且较 1050℃退火后试样晶粒尺寸明显长大。采用截线法在金相照片上统计了平均晶粒尺寸。其中，1050℃退火试样的平均晶粒尺寸约为 $(62\pm5)\mu m$，而 1100℃退火试样的晶粒尺寸约为 $(70\pm6)\mu m$。

为了详细观察热轧组织在高温退火过程中的演变过程，采用 EBSD 分别对热轧板和退火板进行组织分析。热轧板和退火板的 EBSD 反极图（IPF）见图 2-7。热轧板主要由沿轧制方向伸长的铁素体晶粒组成，随着退火温度升高，伸长的铁素体晶粒逐渐转变为等轴晶。EBSD 观察结果与金相显微镜（OM）观察结果一致。950℃退火后，<101>//ND 取向晶粒首先在变形组织内通过亚晶聚合完成再结晶形核，但再结晶晶粒仍保持沿轧制方向伸长的形态。1000℃、1050℃退火后虽然大部分变形晶粒通过亚晶聚合完成再结晶，但在 <111>//ND 取向晶粒内部仍发现了大量的小角度晶界，且晶粒仍保持伸长状态。经过 1100℃退火后，再结晶完成，晶粒内部几乎不存在小角度晶界。

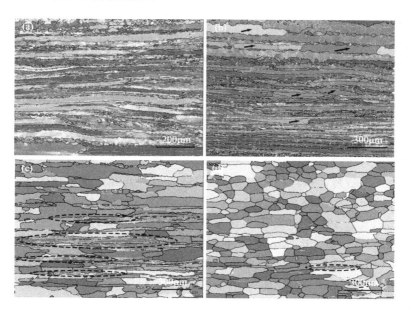

图 2-7

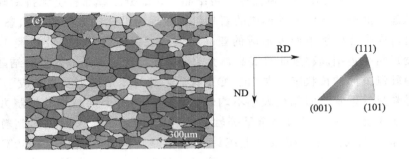

图 2-7 热轧板和退火板的 EBSD 反极图（IPF）
（a）热轧；（b）950℃；（c）1000℃；（d）1050℃；（e）1100℃

采用 Channel 5 软件统计分析了不同状态试样中晶界取向差角分布，结果见图 2-8。根据取向差角定义了小角度晶界（low angle grain boundary，LAGB）和大角度晶界（high angle grain boundary，HAGB）。其中，LAGB 代表取向差角为 2°～15°，HAGB 代表取向差角>15°。由图 2-8（a）可知，热轧板主要由 LAGB 组成，含量约为 79.5%，这表明热轧过程主要以动态回复为主。由于铁素体不锈钢具有高的层错能，热轧变形过程中位错滑移、攀移以及交滑移等位错运动消耗了大量的变形储能，仅形成了大量的亚晶界，并不能完成动态再结晶过程。950℃ 退火后，晶粒内部仍保留了大量的 LAGB，含量约为 78.3%，与热轧板差别不大。当退火温度分别提高至 1050℃ 与 1100℃ 时，LAGB 含量下降至 9.7% 和 5.3%。1100℃ 退火后，界面取向差角分布曲线表现为以 45° 为中心的正态分布特征，这表明再结晶晶粒取向随机分布。热轧板和退火板中的 LAGB 和 HAGB 含量统计如图 2-8（f）所示。其中，LAGB 含量的逐渐下降表明再结晶程度逐渐提高。

进一步计算了热轧板和退火试样的晶粒尺寸、晶粒长径比以及再结晶比例，结果如图 2-9 所示。热轧试样再结晶率为（1.94±0.21）%，平均晶粒尺寸为（26.7±2.1）μm，长径比为 5.03±0.85；950℃ 退火试样再结晶率为（22.5±2.0）%，平均晶粒尺寸为（30.5±2.5）μm，长径比为 5.22±0.53；1000℃ 退火试样再结晶率为（80.4±1.5）%，平均晶粒尺寸为（59.0±2.4）μm，长径比为 5.21±0.45；1050℃ 退火试样再结晶率为（99.1±2.0）%，平均晶粒尺寸为（67.8±3.2）μm，长径比为 2.75±0.33；1100℃ 退火试样再结晶率为（98.3±2.0）%，平均晶粒尺寸为（71.2±3.1）μm，长径比为 2.06±0.32。即随着退火温度的升高，再结晶程度逐渐提高、等效晶粒尺寸逐渐增大、晶粒形态逐渐等轴化。结合图 2-7 分析可知，经过 1050℃ 退火后，尽管其再结晶比例高达 99.1%，但组织内部仍然观察到伸长态的未再结晶区域，且内部含有大量 LAGB。这些变形态组织被保留下来可能与试样中存在的中间相析出存在很大关系，关于析出对再结晶的影响将在 2.5 节中讨论。

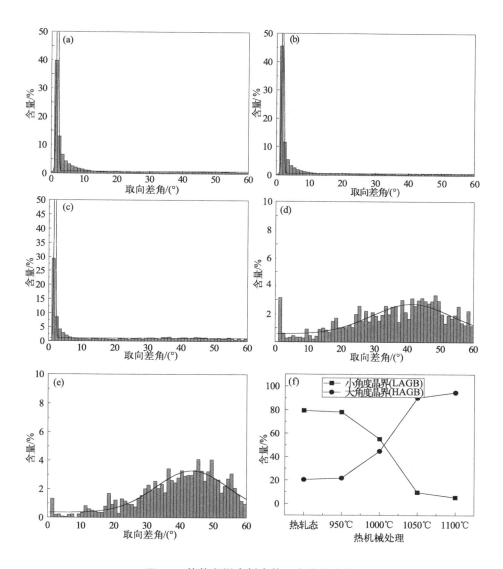

图 2-8　热轧和退火板中的取向差角分布
（a）热轧；（b）950℃；（c）1000℃；（d）1050℃；（e）1100℃；（f）LAGB 和 HAGB 含量统计

2.3.1.2　退火过程析出相演变

图 2-10 为热轧板在 950~1100℃退火过程中的析出相演变规律（SEM-BSE 观察）。图 2-10 中（a2）~（d2）是图（a1）~（d1）的局部放大图。由图 2-10（a）可知，经过 950℃×15min 退火后，试样中除观察到 TiN 与 Nb(C,N) 颗粒外，还观察到两类析出相：一类是沿晶界形成的块状浅灰色析出相；另一类是沿晶界、亚晶界、剪切带等位置析出的棒状亮白色析出相。其中，晶界处块状浅灰色析出相的尺

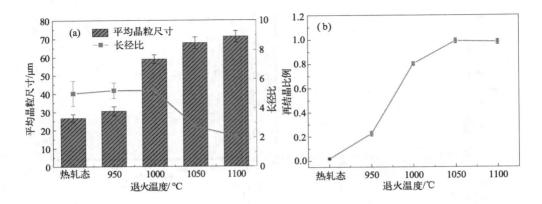

图 2-9 热轧板退火过程中晶粒尺寸和再结晶比例变化

(a) 晶粒尺寸；(b) 再结晶比例

寸约为 5~10μm，晶界位置棒状析出相尺寸约为 0.5~1μm，亚晶界棒状析出相尺寸约为 0.2~0.5μm，如图 2-10(a) 所示。经过 1000℃×15min 退火处理后，析出相种类未发生变化，在晶界处观察到少量块状浅灰色析出相，与 950℃退火后试样中的析出相相比，其尺寸明显减小，约为 1~5μm。此外，在晶界、亚晶界、剪切带等处观察到大量亮白色析出相，其尺寸约为 0.2~0.5μm，见图 2-10(b)。热轧板经过 1050℃×15min 退火处理后，没有发现块状相析出，但在未完成再结晶区域发现了大量亮白色析出相。这些亮白色析出相主要分布于晶界和晶内亚晶界位置，亮白色析出相尺寸为 0.2~0.5μm，见图 2-10(c)。热轧板在 1100℃×15min 退火后，析出相的数量显著减少，除了 TiN 颗粒外，还观察到沿直线分布的亮白色析出相，并贯穿再结晶晶粒。其中，亮白色析出相尺寸为 0.2~0.5μm，如图 2-10(d) 所示。

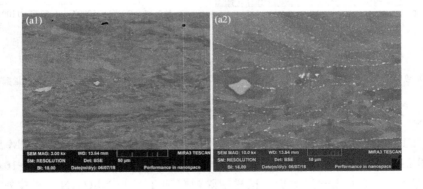

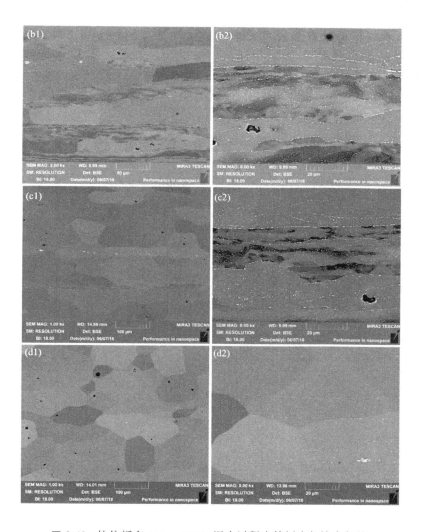

图 2-10　热轧板在 950～1100℃退火过程中的析出相演变规律

（a1，a2）950℃；（b1，b2）1000℃；（c1，c2）1050℃；（d1，d2）1100℃

SEM-BSE 观察结果表明，随着退火温度的不断升高，析出相类型、分布位置发生了明显变化。析出相除在晶界析出外，也易在晶内的亚晶界位置析出。为了进一步确定析出相的成分及结构，采用 SEM-EDS 对不同温度退火试样中的析出相进行了初步分析，结果见图 2-11～图 2-15。

950℃退火试样中黑色块状颗粒富含 Ti、N 元素，黑色颗粒周围亮色的相富含 Nb、C、N 元素，结合热轧试样中相分析可知，黑色块状颗粒为 TiN，而 TiN 颗粒周围亮色颗粒为 Nb(C,N)。

图 2-11 为热轧板经 950℃×15min 退火后试样中典型析出相的 EDS 点分析

结果。晶界处亮色块状析出相富含 Cr 元素（质量分数约为 32%），并含有一定的 Mo 元素（质量分数约为 6.0%～6.5%）（见 spectrum 1 和 spectrum 2），而晶界、亚晶界位置亮白色颗粒富含 Nb 和 Mo 元素（见 spectrum 3 和 spectrum 4）。

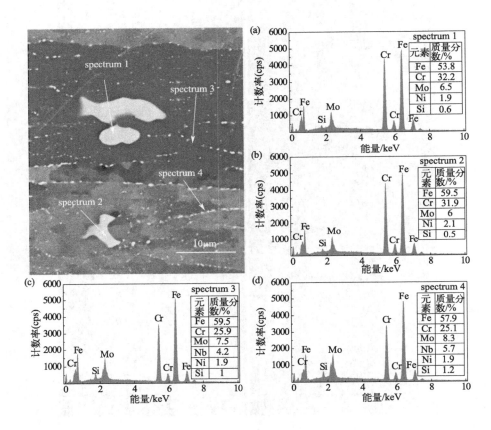

图 2-11 热轧板经 950℃×15min 退火后试样中典型析出相的 EDS 点分析结果

图 2-12 为热轧板经 1000℃×15min 退火后试样中典型析出相的 EDS 点分析结果。由图 2-12 可知，亮白色块状析出相含有较高的 Cr、Mo 元素，晶界、晶内亚晶界（剪切带）位置亮白色颗粒富含 Nb 和 Mo 元素。这两种相的成分与 950℃ 退火试样中析出相成分基本一致。

图 2-13 为热轧板经 1050℃×15min 退火后试样中典型析出相的 EDS 点分析结果。由图 2-13 可知，晶界、亚晶界位置亮白色颗粒富含 Nb 和 Mo 元素，测试结果与 950℃ 及 1000℃ 退火试样中晶界及晶内亮白色析出成分一致。对 1050℃ 退火试样进一步进行了 EDS 面分析，结果见图 2-14。由图 2-14 可知，沿晶界和亚晶界分布的亮白色析出相富含 Nb 和 Mo 元素。

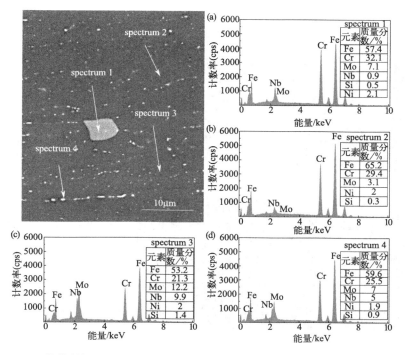

图 2-12　热轧板经 1000℃ × 15min 退火后试样中典型析出相的 EDS 点分析结果

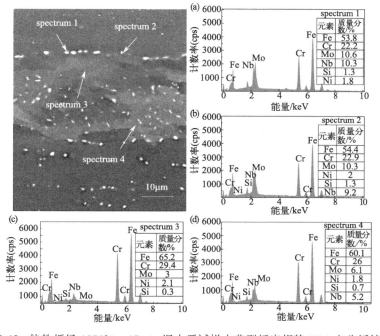

图 2-13　热轧板经 1050℃ × 15min 退火后试样中典型析出相的 EDS 点分析结果

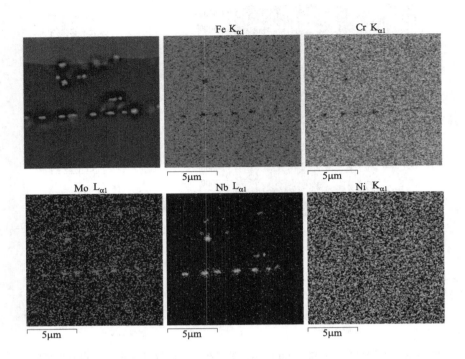

图 2-14　1050℃退火板中典型析出相的 EDS 面分析

　　图 2-15 为热轧板经 1100℃×15min 退火后试样中典型析出相形貌及 EDS 点分析结果。由图 2-15 可知，沿轧制方向呈直线分布的亮白色颗粒富含 Nb 与 C、N 元素。

　　综合分析图 2-11～图 2-15 结果可知，热轧板中 TiN 与 Nb(C,N) 颗粒热力学比较稳定，在 950～1100℃退火过程中基本保持不变。在 950～1000℃退火过程中沿晶界形成的块状亮色析出相为 Fe-Cr-Mo 相，而在晶界及亚晶界形成的短棒状亮白色析出相为 Fe-Cr-Mo-Nb 相。结合热力学计算相图，这两类析出相被初步确定为 σ-相和 Laves 相。1100℃退火后形成的沿直线分布的亮色析出相为 NbC 颗粒。一般认为，σ-相主要含有 Fe、Cr 和 Mo 元素，在超级铁素体不锈钢中沿晶界析出，呈块状；而 Laves 相主要含有 Fe、Cr、Mo、Nb 元素，尺寸较小。因此，950～1000℃退火过程中沿晶界析出的块状浅亮色析出相确定为 σ-相，而在晶界及亚晶界形成的亮白色析出相确定为 Laves 相。不同温度退火试样中析出相的尺寸和分布规律见表 2-3。各析出相的 SEM-EDS 分析成分特征见表 2-4。进一步采用 TEM（透射电镜）对退火试样进行了析出相分析和鉴定，结果如图 2-16 所示。TEM 分析表明沿晶界块状析出相为 Fe-Cr-Mo 型 σ-相，沿亚晶界析出的亚微米析出相为 Fe_2Nb 型 Laves 相。

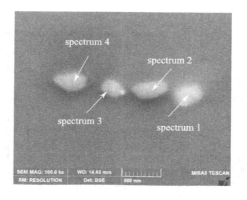

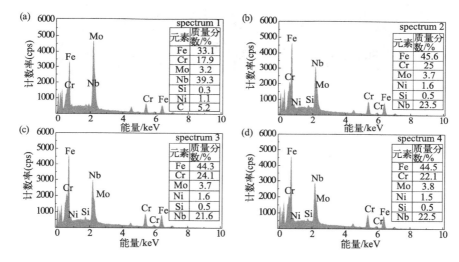

图 2-15　热轧板经 1100℃退火后析出相形貌及 EDS 点分析

表 2-3　热轧板退火后中间相尺寸和分布规律

温度/℃	TiN		NbC/Nb(C,N)		σ-相		Laves 相	
	分布	尺寸/μm	分布	尺寸/μm	分布	尺寸/μm	分布	尺寸/μm
950	随机	5~10	TiN 颗粒周围沿直线分布	0.5~1	晶界	5~10	晶界/亚晶界	0.2~0.5
1000				0.5~1	晶界	5~10	晶界/亚晶界	0.2~0.5
1050				0.5~1	—	—	晶界/亚晶界	0.2~0.5
1100				0.2~5	—	—	—	—

表 2-4　热轧板退火后中间相成分特征（原子百分比）

析出相	Fe	Cr	Mo	Nb	Si	Ti	Ni	C	N
σ-相	57.4	31.7	7.8	1.0	—	—	2.1	—	—
Laves 相	55.5~59.3	19.9~27.5	7.7~13.4	5.5~10.7	—	—	—	—	—
TiN	—	—	—	—	—	40.9	—	—	40.9
NbC	—	—	—	17.9	—	—	—	75	—

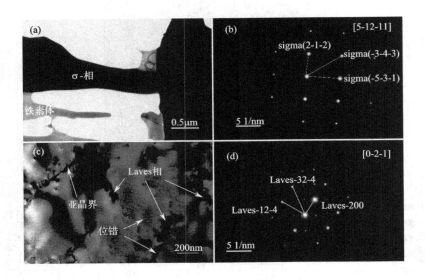

图 2-16 σ-相（a，b）与 Laves 相（c，d）的 TEM 分析

综上所述，热轧退火过程中，块状 σ-相沿晶界析出，短棒状 Laves 相沿晶界、亚晶界和位错墙析出。随着退火温度升高，σ-相的尺寸减小。当退火温度超过1000℃时，试样中无 σ-相析出。Laves 相析出温度较高，当退火温度为 1050℃时，仍然观察到 Laves 相沿晶界和亚晶界析出。由于 Laves 相主要分布在未再结晶区域，因此可以推断 Laves 相具有钉扎亚晶界的作用。

2.3.1.3 退火过程力学性能演变

图 2-17 为热轧和退火过程中力学性能演变。由图可知，热轧板具有最高的抗拉强度和屈服强度及最低的断后伸长率；同时，也具有最大的维氏硬度（HV）。热轧板退火后，随着退火温度的升高，样品的抗拉强度和屈服强度逐渐下降，显微硬度逐渐减小，断后伸长率逐渐增大。当退火温度超过 1000℃时，强度下降趋势逐渐减弱，此时样品的屈服强度基本稳定，断后伸长率也基本不变。

金属材料可以通过固溶强化、位错强化（加工硬化）、细晶强化及析出强化等方式提高其强度。由 2.2.1 节微观组织分析可知，热轧板中含有大量的亚晶界和位错。高密度位错引起的加工硬化、大量亚晶界引起的亚晶强化以及高含量的 Cr 和 Mo 引起的固溶强化的综合作用，使热轧板表现出最高的强度。经过 950℃退火后，热轧过程产生的高密度位错，通过滑移、攀移等运动形成了大量的亚晶界；同时，变形组织中部分晶粒发生了再结晶，显著降低了钢中的位错密度，弱化了加工硬化的作用。此外，由于 σ-相、Laves 相等中间相的析出，消耗了大量的固溶元素，如Cr、Mo、Nb 等，减弱了固溶强化的作用，因此经过 950℃退火后试样强度显著下降。当退火温度为 1050℃时，试样基本完成了再结晶，其平均晶粒尺寸约为

$(67.8\pm3.2)\mu m$，再结晶过程形成的细晶强化作用，减弱了强度快速下降的趋势。此外，σ-相的消失以及 Laves 相含量的减少，迫使更多的 Cr、Mo、Nb 元素重新固溶到基体中，增加了固溶强化效果。经过 1100℃退火后，再结晶过程已完成，其晶粒尺寸约为 $(71.2\pm3.1)\mu m$；与 1050℃相比，其晶粒尺寸变化不大，而其晶粒形状更加等轴化。因此，经过 1000℃退火后，其屈服强度变化不大，稳定在 480～485MPa 之间。

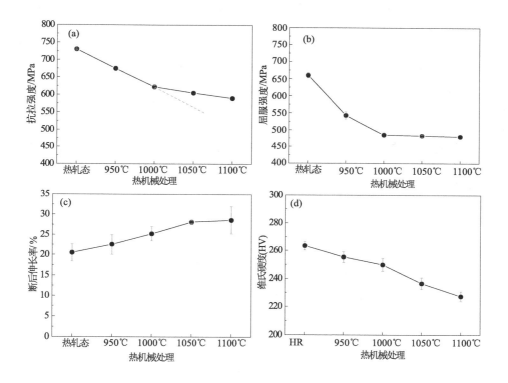

图 2-17　热轧和退火过程中力学性能演变
（a）抗拉强度；（b）屈服强度；（c）断后伸长率；（d）维氏硬度

断后伸长率随退火温度的变化规律与强度相反，加工硬化的产生导致热轧板具有最差的塑性（断后伸长率为 20.5％±2.1％），退火温度超过 1050℃后，退火板的断后伸长率提高至 28.1％～28.7％之间。断后伸长率的变化表明，变形组织再结晶的完成和析出相颗粒数量的减少有利于提高退火板的塑性。结合析出相分析结果可知，退火板的断后伸长率对少量的 σ-相析出并不十分敏感。

维氏硬度随退火温度的变化规律与强度随退火温度的变化规律基本一致。高温退火后，硬度持续下降，但屈服强度基本保持平稳。1050℃退火后虽然析出含量较少，但仍存在界面元素偏聚现象，随着退火温度继续升高，合金元素扩散速率提高，元素分布渐趋均匀，进一步引起硬度的下降。

需要指出的是，由于 σ-相硬度高（约 940HV），在显微硬度测试过程中，当测试位置为 σ-相附近时，其测试值明显升高，从而使材料的平均硬度值升高。在拉伸测试过程中，σ-相对材料强度的影响比较复杂，其作用主要表现为引起材料析出脆化及对 Cr、Mo 元素固溶强化的弱化作用，因此硬度值与强度值变化规律稍有不同。

图 2-18 为热轧和退火板的室温冲击韧性。由图可知，热轧板具有最低的冲击韧性值，为（70.5 ± 3.6）J/cm^2，退火后试样的冲击韧性整体升高。随着退火温度的提高，试样的冲击韧性逐渐升高，1100℃退火后其值达到（141.8 ± 6）J/cm^2。热轧板冲击韧性低主要是由于热轧板中存在强烈的加工硬化现象，高密度的位错和亚结构阻碍变形过程中位错的运动。退火后试样中位错密度的减少，有利于变形过程中位错的开动及运动，从而使其冲击韧性提高。在 950～1000℃退火后，试样中形成了一定数量的脆性 σ-相，因此其韧性提高幅度并不显著。当退火温度高于1050℃时，由于钢中无 σ-相析出，同时变形组织基本完成了再结晶过程，因此冲击韧性显著提高，其冲击韧性值由 1000℃ 退火后的（97.3 ± 7.3）J/cm^2 升高至1050℃退火后的（135 ± 4.3）J/cm^2。冲击韧性变化表明，韧性对钢中的 σ-相析出比较敏感。

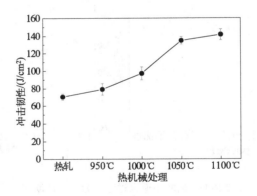

图 2-18 热轧和退火板的室温冲击韧性

2.3.2 保温时间对组织性能的影响

2.3.2.1 退火过程组织演变

由 2.3.1 节可知，1100℃固溶后水淬可有效避免超级铁素体不锈钢的塑性恶化，本节进一步研究固溶处理过程中保温时间对组织性能的影响。图 2-19 为实验钢在 1100℃分别保温 15min、30min、60min 后试样 EBSD 组织形貌及晶粒尺寸分布。由图 2-19 可知，试样经 15～60min 保温后全部完成再结晶，且随着保温时间的延长，实验钢晶粒出现了一定粗化，其平均晶粒尺寸由 67μm 增大至 79μm。

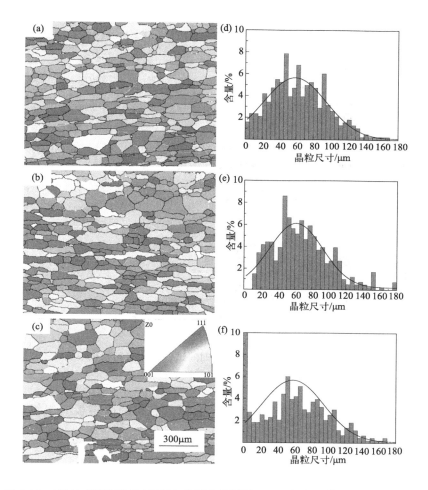

图 2-19　1100℃固溶不同时间后水淬至室温试样 EBSD 组织形貌及晶粒尺寸分布
（a，d）15min；（b，e）30min；（c，f）60min

2.3.2.2　退火过程析出相演变

图 2-20 为 1100℃保温 15～60min 后试样的 BSE 析出相形貌。观察可知，钢中的析出相种类未发生变化，主要为 TiN 与 Nb(C，N) 颗粒。随着保温时间的延长，析出相含量变化不大，不同保温时间试样平均晶粒尺寸分布如图 2-20(d) 所示。

2.3.2.3　退火过程力学性能

热轧板经 1100℃保温 15～60min 后试样室温工程应力-工程应变曲线见图 2-21。不同保温时间固溶处理试样的拉伸性能相差不大，其抗拉强度分别约为 590MPa、595MPa、600MPa；屈服强度分别约为 480MPa、485MPa、475MPa；断后伸长率分别约为 31.0%、29.9%、28.6%。结合组织分析可知，随着固溶时间的延长，材料强度与断后伸长率的略微下降是由晶粒尺寸的略微粗化引起的。从固溶处理工

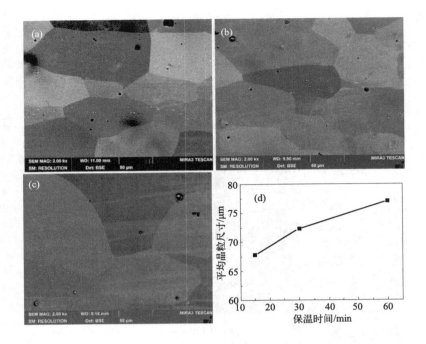

图 2-20　1100℃固溶处理不同时间试样的 BSE 析出相形貌

（a）15min；（b）30min；（c）60min；（d）晶粒尺寸分布

艺角度而言，1100℃保温 15min 后水淬至室温后获得的固溶板的组织更加均匀，力学性能最好。

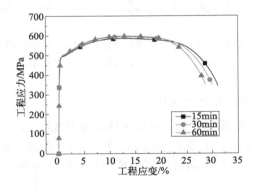

图 2-21　1100℃固溶不同时间试样室温工程应力-工程应变曲线

2.3.3　冷却方式对组织性能的影响

由上节组织和性能分析可知，热轧板经过 1100℃退火后完成了再结晶过程，并获得了较好的力学性能。在生产过程中，固溶处理后需要快速冷却后卷曲，因此退火后冷却方式对材料的组织及性能具有很重要的影响。本节主要介绍水淬（water quenching，WQ）、空冷（air cooling，AC）、炉内冷却（furnace cooling，FC 或简称炉冷）三种冷却方式对超级铁素体不锈钢组织和力学性能的影响。

2.3.3.1　微观组织与析出相

采用 SEM 和 TEM 分析了三种冷却试样的微观组织，结果如图 2-22～图 2-24 所示。热轧板经 1100℃ 固溶后不同冷却方式试样的 SEM-BSE 组织见图 2-22。除 TiN 和 Nb(C，N) 颗粒外，炉冷试样中出现了大量的亮色析出相，其含量约为 $(2.2\pm0.2)\%$。白色析出相主要呈短棒状与长条状，最大尺寸约为 $10\mu m$。一部分析出相位于晶界位置，几乎布满晶界，其余部分分布于晶粒内部，而晶内相沿轧制方向呈直线分布。SEM-EDS 点分析结果（图 2-23）表明这些亮白色析出相富含 Nb、Mo、Si 等元素。高角环形暗场扫描透射电镜（HAADF-STEM）模式下，该析出相衬度大（亮白色）。TEM 衍射分析结果［图 2-24(e)］表明这些亮白色析出相结构为 Laves 相。EDS 点分析［图 2-24(d)］表明，其成分特征为 $(Fe,Cr,Ni)_2(Nb,Mo,Si)$ 型 Laves 相。使用 Image-Pro 相分析软件统计计算了不同析

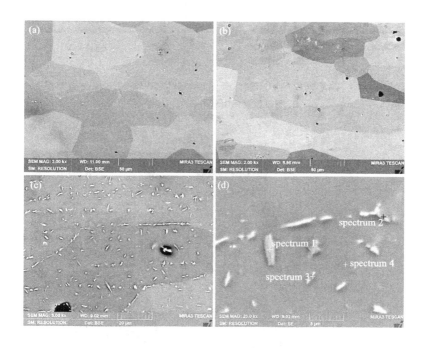

图 2-22　热轧板经 1100℃ 固溶后试样的 SEM-BSE 组织

（a）水淬；（b）空冷；（c）炉冷；（d）图 (c) 的局部放大图

出位置 Laves 相的含量和颗粒尺寸分布，结果见图 2-25。其中，约 20% 的 Laves 相颗粒分布在晶界处，约 80% 分布在晶粒中。大部分 Laves 相颗粒的尺寸小于 $1\mu m$，约 10% 的颗粒大于 $4\mu m$。进一步统计了三种冷却方式固溶试样的平均晶粒尺寸，结果见图 2-26。三种冷却方式试样的平均晶粒尺寸变化相对较小，尺寸范围为 $67.7\sim77.9\mu m$。

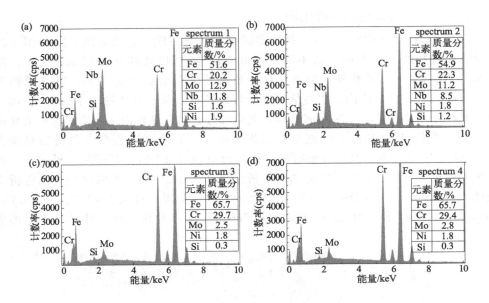

图 2-23 固溶处理后炉冷试样析出相与基体 SEM-EDS 点分析结果
测试位置标注于图 2-22(d) 中

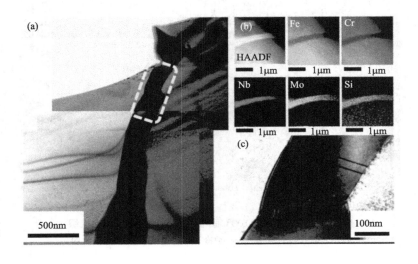

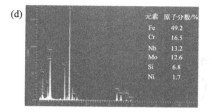
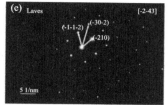

图 2-24　热轧板 1100℃固溶炉冷试样中的析出相 TEM 分析

（a）亮场图像；（b）HAADF；（c）图（a）中矩形区域的放大图像；

（d）图（c）的 EDS 图；（e）图（c）的 SAD（绝对差值和）图

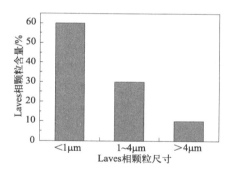

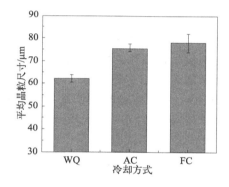

图 2-25　Laves 相的含量和颗粒尺寸分布

图 2-26　不同冷却方式固溶
试样的平均晶粒尺寸

2.3.3.2　Laves 相缓冷析出机理

很明显，固溶处理试样采用炉内冷却的方式，在其组织中形成了大量的 Laves 相。为了明确冷却过程中 Laves 相的形成，利用 JMatPro 软件计算了实验钢中 Laves 相的时间-温度-析出（TTP）曲线，结果见图 2-27。在 600～1000℃温度范围内，σ-相、χ-相和 Laves 相的等温析出曲线均呈"C"形。σ-相、χ-相和 Laves 相等三种析出相的"鼻尖"温度分别为 880℃、850℃和 930℃。但 Laves 相的开始析出（面积分数为 0.5%）时间明显短于 σ-相和 χ-相。在"鼻尖"温度下，形成 Laves 相仅需 7.4s。笔者分别计算了 WQ、AC 和 FC 三种冷却方式的冷却曲线，结果见图 2-27。WQ 样品仅需 8s 即可冷却至室温；AC 样品需要约 60s 才能冷却至 700℃以下；FC 样品需要 20min 才能冷却至 700℃以下。此外，由图 2-27 还可以看出，WQ 的冷却曲线没有穿过 Laves 相形成区，AC 冷却曲线与 Laves 等温析出曲线略有重叠，而 FC 冷却曲线完全穿过 Laves 等温析出曲线。因此，在 FC 试样中可以观察到 Laves 相颗粒。

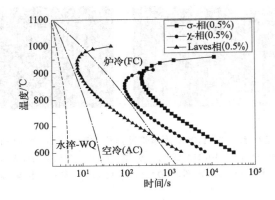

图 2-27 时间-温度-析出（TTP）曲线

综上所述，固溶处理样品在冷却（缓慢）过程中，由于晶界位置的界面能高，第二相优先在晶界成核。因此，在晶界处观察到了大量的 Laves 相析出。当热轧试样重新加热到 1100℃ 进行固溶处理时，Nb(C,N) 颗粒部分溶解到基质中。初始 Nb(C,N) 颗粒附近的区域富含 Nb 元素，这为 Laves 相的析出提供了元素条件。在慢炉冷却过程中，Nb 原子的短暂扩散，导致 Nb(C,N) 颗粒之间形成了 Laves 相。

2.3.3.3 冷却方式对力学性能的影响

图 2-28 为不同冷却方式试样的力学性能。冷却速度越慢，固溶后样品的抗拉强度和屈服强度越高。炉内冷却试样的抗拉强度最高，其抗拉强度约为 733MPa，屈服强度为 633MPa。固溶试样的断后伸长率与抗拉强度变化规律相反，炉冷后试样表现出最差的塑性，断后伸长率为 (21.7±0.9)%。水淬后试样表现出最好的塑性，其断后伸长率为 (28.7±3.3)%。不同冷速固溶试样的硬度变化规律与强度变化一致，炉冷试样维氏硬度约为 296HV。

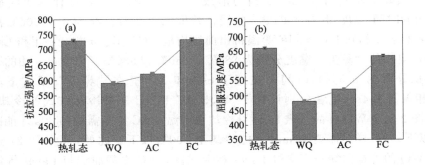

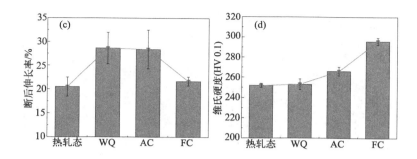

图 2-28　不同冷却方式试样的力学性能
（a）抗拉强度；（b）屈服强度；（c）断后伸长率；（d）维氏硬度

由 Hall-Petch 关系可知，晶粒尺寸增大，屈服强度下降，而炉冷后试样晶粒尺寸最大，但表现出最高的抗拉强度和硬度，这可能与 Laves 相析出有关。炉冷后试样中出现了大量的亚微米/微米级 Laves 相颗粒。因此，炉冷后组织内部形成的细小 Laves 相（$<1\mu m$）产生的析出强化作用使得试样强度和硬度升高。晶界处形成网状分布的大尺寸 Laves 相（$>4\mu m$）在塑性变形过程中割裂基体，阻碍晶粒间协调变形，导致炉冷试样的拉伸塑性下降。

2.4　固溶处理工艺对韧脆转变的影响

2.4.1　退火温度对韧脆转变的影响

图 2-29 为不同温度固溶处理后试样的拉伸断口形貌。固溶试样的拉伸断口主要由孔洞与韧窝组成，表现为韧性断裂。随着退火温度的升高，拉伸试样断口中韧窝的含量逐渐增多，韧窝变得细小且致密，表明样品的塑性逐渐提升。拉伸试样断口中观察到的大的孔洞主要是由块状 TiN 颗粒在试样断裂后脱落形成的。950℃固溶处理试样相较于高温固溶处理试样含有更多的小尺寸孔洞。结合组织分析可知，950℃退火后，试样中形成了一定含量的 σ-相。σ-相的形成在组织中产生了大量的两相界面，这些两相界面在拉伸变形过程中具有割裂基体的作用。拉伸试样断裂后σ-相脱落形成了大量微孔。随着退火温度升高，σ-相消失，因此拉伸断口中微孔逐渐减少，表现出较好的塑性。

图 2-30 为不同温度固溶处理试样的室温夏比冲击试样断口形貌。观察可知，不同温度固溶处理试样的冲击断口形貌差异较大。其中，950℃固溶处理试样冲击断口中，出现了大量的解理台阶，仅含有少量的韧窝，而且在晶界位置还观察到了

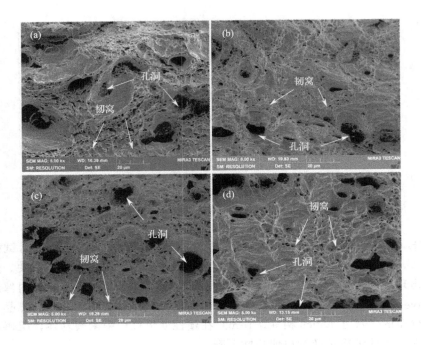

图 2-29　不同温度固溶处理后试样的拉伸断口形貌

（a）950℃；（b）1000℃；（c）1050℃；（d）1100℃

断裂裂纹，其特征表现为沿晶断裂模式。1000℃固溶处理试样尽管出现了少量的韧窝，但仍然表现为沿晶断裂，断面处观察到了大量的解理台阶。当退火温度高于1050℃时，断面主要由韧窝组成。1100℃退火后，断面韧窝更加细小、致密。冲击断口形貌分析结果表明，随着固溶退火温度的降低，超级铁素体不锈钢发生了韧脆转变。金属材料出现韧脆转变的判据为：

$$\sigma_y k_y d^{1/2} = k_y^2 + \sigma_0 k_y d^{1/2} > C\mu\gamma \qquad (2-1)$$

式中　σ_y——断裂应力或者流变应力；

　　　k_y——Hall-Petch 关系的斜率；

　　　d——平均晶粒尺寸；

　　　σ_0——晶格摩擦应力；

　　　μ——剪切模量；

　　　γ——裂纹的有效界面能；

　　　C——材料常量。

结合组织和力学性能分析可知，退火温度越低，材料的断裂应力（σ_y）越高。1000℃以下退火形成了大量的晶界 σ-相，这些晶界 σ-相显著降低了材料的界面能（γ），因此退火温度越低，式（2-1）左边的值越大，右边的值越小，材料越容易出现脆性断裂。虽然 1050℃固溶后试样中出现了较多的纳米级 Laves 相，但材料强度显著降低。因此，冲击断口仍表现为韧性断裂。

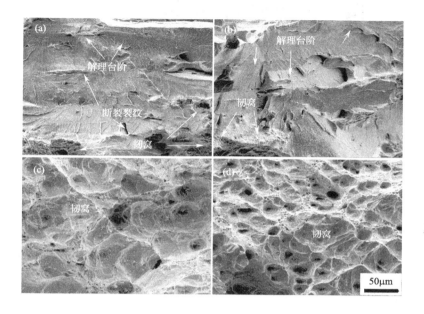

图 2-30　不同温度固溶处理试样的室温夏比冲击试样断口形貌
（a）950℃；（b）1000℃；（c）1050℃；（d）1100℃

与拉伸断口形貌对比可以发现，冲击实验较拉伸实验对 σ-相析出更加敏感。当试样中出现少量 σ-相时，在冲击实验中就会出现脆性断裂的风险。因此，可以认为 σ-相是材料致脆的主要因素。与 σ-相相比，纳米级 Laves 相对材料韧性影响较小。

2.4.2　冷却方式对韧脆转变的影响

图 2-31 为固溶后空冷和炉冷试样的拉伸断口形貌。空冷试样的断口主要以韧窝为主，断口中还含有大量的孔洞，表现为韧性断裂模式。炉冷试样中除了含有大量韧窝和孔洞外，在断口中还出现了大面积的解理台阶。由 2.3.3 节组织分析可知，炉冷试样中形成了大量微米级 Laves 相，大尺寸 Laves 相在晶界析出引起材料强度升高，界面能降低。由式(2-1)韧脆转变判据可知，微米级 Laves 相沿晶界析出导致断口中出现沿晶断裂的区域，表现为脆性断裂。对比发现，纳米级 Laves 相析出并没有引起拉伸试样断口中出现脆性断裂的区域，而微米级 Laves 相析出导致了脆性断裂的出现。因此，微米级 Laves 相是导致炉冷试样出现脆性断裂模式的主要因素，所以在超级铁素体不锈钢制备过程中，应避免形成微米级 Laves 相，特别是晶界位置的微米级 Laves 相。

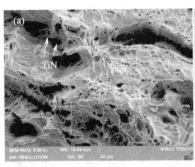

图 2-31 空冷和炉冷试样的拉伸断口形貌

（a）空冷；（b）炉冷

2.4.3　保温时间对韧脆转变的影响

图 2-32 为固溶保温 30min、60min 试样的拉伸断口形貌。固溶处理过程中保温 30min 和 60min 后试样断口中主要由大量的韧窝和少量的孔洞组成，表现为韧性断裂。固溶保温 30min 试样拉伸断口中韧窝较大，孔洞较多；而固溶保温 60min 试样断口中韧窝细小且致密，表现出较好的韧性。根据式（2-1）可知，由于材料强度变化不大，组织变化较小，因此 30～60min 保温时间内材料未出现韧脆转变现象。

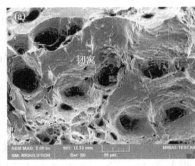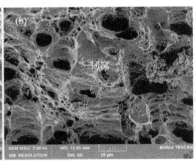

图 2-32 不同固溶时间退火试样拉伸断口形貌

（a）30min；（b）60min

综合 2.4.1～2.4.3 分析可知，固溶处理温度和冷却方式对超级铁素体不锈钢的韧性影响较大，而保温时间影响较小。当退火温度由 950℃提高至 1050℃后，冲击试样断口由脆性断裂模式转变为韧性断裂模式，但拉伸断口仍表现为韧性断裂模式。固溶处理试样炉冷后，因大量微米级 Laves 相沿晶界析出，拉伸断口表现为脆性断裂模式。固溶处理试样保温 15～60min 后，拉伸断口均为韧性断裂，材料塑性较高。

2.5 基于 Laves 相高温析出的热退组织控制机制

2.5.1 Laves 相高温析出机制

由于超级铁素体不锈钢含有较高的 Cr、Mo、Nb 等合金元素，在其组织中经常观察到 σ、χ、Laves 等中间相。这三种析出相的开始析出温度一般低于 1000℃，特别是 Laves 相析出温度一般低于 800℃。本研究中，经过 1050℃退火后，在钢中仍然观察到大量的纳米级 Laves 相。因此，采用 TEM 对退火组织进行进一步观察分析。图 2-33 为热轧板经 1000℃退火后 TEM 形貌及 EDS。低温退火后热轧板中的变形组织进一步进行了回复过程，并形成了大量的位错胞和亚结构。在位错胞和亚晶界等缺陷位置观察到纳米级 Laves 相，其尺寸约为 $0.2 \sim 0.5 \mu m$，与 SEM 观察结果一致。采用 TEM-EDS 分析表明，这些析出为 Fe_2-Nb/Mo 型 Laves 相。

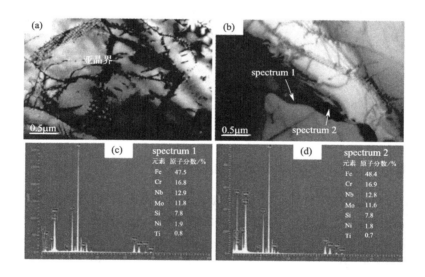

图 2-33 热轧板经 1000℃退火后 TEM 形貌及 EDS
（a）回复组织；（b）Laves 相；（c）、（d）Laves 相 EDS

Laves 相中富含 Nb 和 Mo 元素，因此 Laves 相的形成与 Nb/Mo 元素的扩散密切相关。采用 EBSD 和 HAADF-STEM 成像模式对退火组织进一步观察，结果如图 2-34 所示。由图可知，退火试样中形成了大量的小角度晶界［也称为亚晶界，见图 2-34（a）］，并在晶界和亚晶界位置出现了明显的界面元素偏聚［见图 2-34（b）］。由于 HAADF-STEM 成像衬度与原子序数相关，因此结合钢成分以及 EDS

分析可知，界面偏聚元素主要为 Nb、Mo。由于超级铁素体不锈钢热轧过程主要以动态回复为主，钢中形成了大量的位错和亚结构。在随后的退火过程中，位错的存在为 Nb/Mo 原子的扩散提供了快速通道，进一步诱导退火过程中出现明显的界面元素偏聚现象，而 Nb/Mo 元素的界面偏聚也为 Laves 相析出提供了必要的元素准备。当 Nb/Mo 元素富集浓度达到临界值后，Laves 相开始析出，最终导致 Laves 相析出温度高于热力学计算结果。

综上分析，热轧产生的大量位错及亚晶界为 Laves 相形核提供了充足的形核质点，而位错的大量存在也为 Nb/Mo 元素扩散并形成界面元素偏聚提供了通道。当元素富集达到 Laves 相形核条件时，最终在界面处形成了 Laves 相析出。

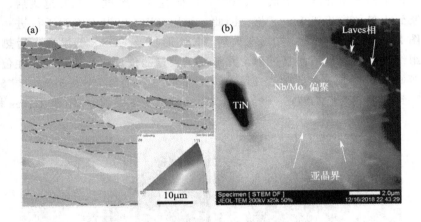

图 2-34　热轧板经 1000℃退火后 EBSD 成像分析（a）与 HAADF-STEM（b）

2.5.2　基于 Laves 相的织构调控机制

由 2.2.1 节热轧组织分析可知，热轧板坯的退火温度越高，热轧变形组织的再结晶程度越高。当退火温度为 1050℃时，其再结晶率已超过 99％。但在微观组织中仍发现部分未再结晶区域（晶粒），这些未再结晶区域富含小角度晶界。热轧变形铁素体不锈钢组织主要为回复组织，晶内含有大量亚晶界，在高温退火过程中，通过亚晶聚合形成再结晶晶粒，再通过界面迁移完成晶粒长大过程。再结晶驱动力主要来自塑性变形过程的变形储能，变形储能越高，再结晶驱动力越大，而变形储能与晶粒取向具有很大的相关性。不同取向晶粒变形后其储能符合以下关系：$V_{110} > V_{111} > V_{211} > V_{100}$。观察本章 EBSD（图 2-7）可知，未再结晶晶粒主要集中于 $<111>//ND$ 取向，而其他取向晶粒基本完成了再结晶过程。

为了进一步分析未再结晶区域组织特征，利用 EBSD 数据计算了回复组织的核平均取向错位（kernel average misorientation，KAM），KAM 值计算公式为：

$$\text{KAM}(\text{点 } j) = (1/N) \sum_{k=1}^{N} \omega(g_i, g_j) \tag{2-2}$$

式中　　N——与测试点 j 相邻且与 j 点之间取向差角超过 5°的点数；

　　　　g_j——测试点 j 的晶体取向；

　　　　g_i——点 j 相邻点 i 的晶体取向；

$\omega(g_i, g_j)$——测试点 i 与测试点 j 之间的取向差角。

如图 2-35 所示，KAM 值越大表明变形组织内部变形程度越大，其变形储能也越高，未再结晶区域的 KAM 值明显高于其他区域。这些区域为高储能区域。

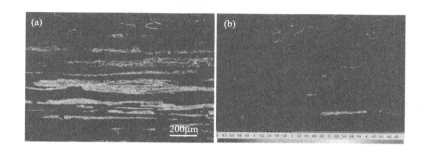

图 2-35　退火板 KAM 图
（a）1000℃；（b）1050℃

利用 SEM-BSE 模式对退火后试样中的未再结晶区域中的析出相进行了高倍观察，结果如图 2-36 所示。未再结晶区域（晶粒）内部含有大量的亚晶界、剪切带等亚结构，在亚晶界位置发现了大量的白色析出相。由 2.1 节分析可知，这些析出相主要分为两类：一类是 Nb(C,N) 颗粒；另一类是 Fe_2Nb 型 Laves 相，尺寸小于 500nm。Nb(C,N) 颗粒是在高温区间形成的（约 1206℃），而 Laves 相主要在退火过程中析出。研究表明，第二相颗粒与变形组织的回复及再结晶具有相互影响作用。钢铁材料中的第二相一般优先在晶界、亚晶界、剪切带、位错等晶体缺陷处形核。本章研究实验钢为热轧态，具有动态回复组织的特征，组织中含有大量的亚晶界、剪切带、位错等晶体缺陷，这为退火过程中第二相的形核提供了大量的形核质点，而第二相的形成能够钉扎再结晶晶粒的界面，阻碍再结晶形核及晶粒长大。本章研究热轧板经过 1000～1050℃ 退火后，变形组织中亚晶界处形成了大量的纳米级 Laves 相，而该温度也是超级铁素体不锈钢再结晶的温度区间。所以，纳米级 Laves 相的存在阻碍了亚晶界运动（阻碍亚晶聚合形核），最终在 1000～1050℃ 退火后观察到未再结晶区域。退火温度进一步升高至 1100℃ 退火时，并未发现 Laves 相析出，因此再结晶比较完善。

利用 EBSD 数据计算了热轧板及其在不同温度退火后试样的 ODF 图，结果如图 2-37 所示。实验钢热轧后形成了典型的轧制织构，即强 α-纤维织构（<110>//RD）和较弱的 γ-纤维织构（<111>//ND），其织构强度点位于 α 取向，强度约为 12.8。热轧板经 950℃×15min 退火后，γ-纤维织构减弱，而 α-纤维织构（｛001｝<110>组分）增强。当退火温度进一步升高后（1000～1100℃），试样的织构现象

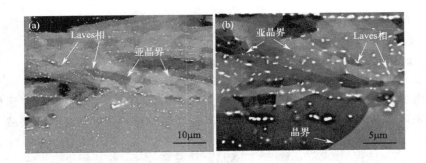

图 2-36 退火板中的亚晶界析出相

(a) 1000℃；(b) 1050℃

逐渐减弱，特别是 γ-纤维织构强度仅为 1.2。尽管热轧变形后产生了较强的 γ-纤维织构，但退火过程中<111>//ND 取向晶粒并没有完成再结晶，仍然保留伸长状态。未再结晶晶粒内部存在大量的纳米级 Laves 相，正是由于 Laves 相在亚晶界和剪切带位置的析出，钉扎界面，阻碍了界面迁移，导致变形组织不能通过亚晶聚合形核并完成再结晶，迫使变形态<111>//ND 取向晶粒保留下来。在随后更高温度的退火过程中，其他已发生再结晶的晶粒逐渐长大，最终吞并未再结晶的<111>//ND 取向晶粒。最终，在织构方面表现出较弱的 γ-纤维织构。当在更高温度退火时（如本研究中的 1100℃），一方面 σ-相、Laves 相等中间相并不析出，另一方面高温加热提供的强大的再结晶驱动力，使所有取向的变形晶粒都具有发生再结晶的可能，即消除了取向形核的优势。因此，高温退火后，织构较弱，且织构比较漫散。

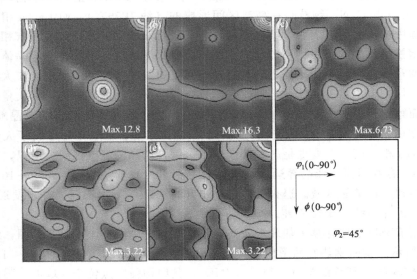

图 2-37 热轧板及其在不同温度退火后试样的 ODF 图

(a) 热轧；(b) 950℃；(c) 1000℃；(d) 1050℃；(e) 1100℃

2.6　基于 Laves 相调控固溶组织性能技术展望

　　由于 Laves 相与 σ-相伴生析出，很难单独评价 Laves 相对材料塑性的影响。但鉴于 σ-相脆性的危害，一般也将 Laves 相作为脆性相对待。因此，在固溶退火过程中尽可能将其溶解，这也是当前高温退火技术的主要出发点。本章研究发现，Laves 相对材料塑性的影响与其尺寸有关。当析出 Laves 相为微米级时，将恶化材料的塑性，并易引起脆性断裂。当析出的 Laves 相为纳米级（亚微米级）时，并不恶化材料的韧性，反而具有细化热轧退火板再结晶晶粒、优化 γ-纤维织构的有利作用。因此，可以设想，热轧板固溶退火过程中，可以采用较低加热温度（如 1050℃），在抑制 σ-相和 χ-相析出的同时，保留纳米级 Laves 相析出，利用 Laves 相调控热轧退火板的组织织构，并进一步提高超级铁素体不锈钢的韧性和成型性能。

第3章

超级铁素体不锈钢析出相与性能控制

超级铁素体不锈钢固溶处理后炉冷试样中形成了大量的微米级 Laves 相，并恶化材料的力学性能。热力学相图表明平衡态下材料中将形成 σ-相和 Laves 相等脆性相，材料中脆性相的形成将严重影响材料的力学性能和服役性能。因此，研究超级铁素体不锈钢中第二相的析出行为和演变规律，阐明中间相对力学性能的影响规律，并最终指导生产工艺设计是十分必要的。现有研究表明，超级铁素体不锈钢经 600~900℃ 范围内时效处理后，试样中将生成多种中间相，如 σ-相、χ-相、Laves 相等。由于三种中间相析出温度区间相互交叉，且分布位置重叠，这为研究 σ-相、χ-相、Laves 相的析出行为和演变规律增加了很大困难。

本章首先对热轧板进行 1100℃ 固溶处理后并水淬至室温，随后进行 600~800℃ 等温时效实验。在确定中间相类型的基础上，重点研究 σ-相、χ-相、Laves相的析出行为及演变规律，揭示三种析出相对材料力学性能的影响机制，明确超级铁素体不锈钢中温脆化的本质，为超级铁素体不锈钢热处理工艺设计及服役条件确定提供技术支撑。

3.1 固溶组织和力学性能

3.1.1 等温析出曲线计算

为了研究实验钢等温时效过程中间相的析出行为及演变规律，首先利用JMatPro 热力学计算软件分别计算了平衡相图和等温析出曲线（TTP）。其中，

TTP 曲线计算温度范围为 600～1000℃，计算结果如图 3-1 所示。由计算的平衡相图可知[图 3-1(a)]，平衡态下实验钢中存在 σ-相和 Laves 相两种金属间化合物。TTP 曲线[图 3-1(b)]计算结果表明，除了 σ-相和 Laves 相之外还存在 χ-相。Brown 等研究了 25Cr-3Mo-4Ni 超级铁素体不锈钢中的析出行为，发现超级铁素体不锈钢中存在 σ-相、Laves 相及 χ-相三种中间相。其研究结果表明 χ-相为非稳定相，随着时效时间的延长，χ-相将转为 σ-相。因此，平衡相图中并未观察到 χ-相。

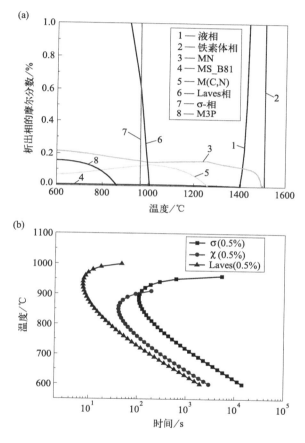

图 3-1 采用 JMatPro 软件计算的平衡相图
(a) 平衡相图；(b) TTP 曲线

由计算的 TTP 曲线可知，三种中间相析出曲线呈"C"形，σ-相、Laves 相及 χ-相三种中间相析出温度范围（以摩尔分数 0.5%对应的温度作为开始析出温度）分别为 600～960℃、600～1000℃、600～910℃，而三种析出相"C"形曲线鼻尖温度分别约为 800℃、950℃、850℃，其鼻尖温度对应的等温时间（孕育期）分别为 105.5s、8.9s 及 40.5s。鼻尖温度对应孕育期越短代表析出动力学越快。

3.1.2 微观组织和性能

为了研究等温时效过程中间相的析出行为，首先将 4.2mm 厚热板坯进行固溶处理，旨在获得无中间相析出的组织结构。结合第 2 章研究结果确定固溶温度为 1100℃，保温时间为 15min，固溶处理后立即水淬至室温。图 3-2 为固溶处理试样的微观组织，固溶后热轧组织完成再结晶，形成了等轴状晶粒，平均晶粒尺寸约为 67μm（采用截线法在金相形貌图片上测量）。固溶处理后除 TiN 与 Nb（C，N）颗粒外并未观察到其他中间相。其中，TiN 与 Nb（C，N）颗粒 EDS 点分析结果如图 3-2 中（c）和（d）所示。

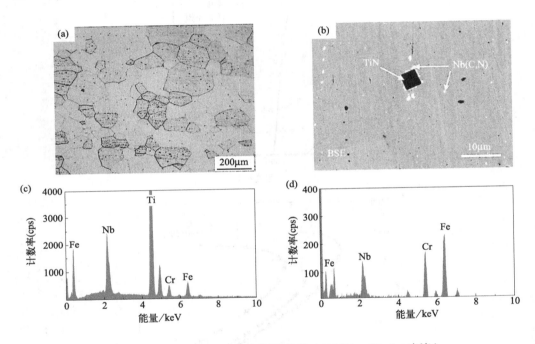

图 3-2 固溶处理试样的微观组织及能谱（1100℃ × 15min+水淬）
(a) OM；(b) SEM-BSE；(c) TiN 的 EDS 点分析；(d) Nb（C，N）的 EDS 点分析

表 3-1 为固溶试样力学性能。由表可知，固溶处理后试样具有较高的抗拉强度、良好的断后伸长率、较好的韧性，特别是其冲击韧性为（149±7）J/cm²。

表 3-1 固溶处理试样力学性能

抗拉强度/MPa	屈服强度/MPa	断后伸长率/%	维氏硬度（HV0.1）	室温冲击韧性/（J/cm²）
610±10	490±10	23±4	252±8	149±7

3.2　等温析出行为和力学性能

3.2.1　600℃时效组织和力学性能

图 3-3 为固溶板经 600℃不同时间时效处理后的金相组织。固溶板 600℃时效处理后，晶粒形态仍为等轴状，随着时效时间延长，平均晶粒尺寸略微增大。其中时效 4h 后，平均晶粒尺寸为 $(79.2\pm5.5)\mu\mathrm{m}$。

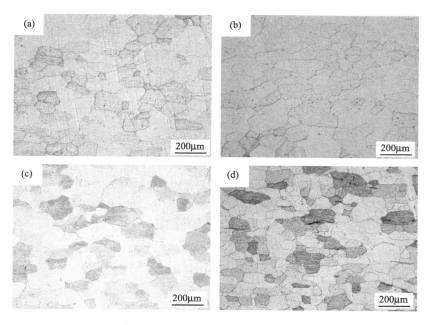

图 3-3　固溶板经 600℃不同时间时效后的金相形貌
(a) 0.5h；(b) 1h；(c) 2h；(d) 4h

图 3-4 为固溶板经 600℃不同时间时效处理后的 SEM-BSE 形貌。随着时效时间的延长，微观组织内出现了新的中间相。当时效时间小于 3h 时，除 TiN 与 Nb (C，N) 颗粒外，并未观察到其他中间相。时效 4h 后，试样中明显出现了两类亮色析出相，其中一类为沿晶界分布的纳米级短棒状亮色相，其尺寸约为 $50\sim100\mathrm{nm}$；第二类为沿晶粒内部分布的微米级针状亮色析出相，其尺寸约为 $0.5\sim4.0\mu\mathrm{m}$。针状析出相一部分在晶内随机分布，其他部分在晶内呈直线分布［如图 3-4(d) 中虚线所示］。采用 SEM-EDS 分析了两类析出相的成分特征，结果如图 3-5 所示，沿晶界析出的短棒状中间相富含 Mo 元素，而晶内析出的针状中间相含有较高的 Nb 和 Mo 元素。由于两种析出相尺寸较小，含量较少，因此两种析出相的

SEM-EDS 分析结果差异较小，但时效温度升高后，两种相的成分差异逐渐变得显著。

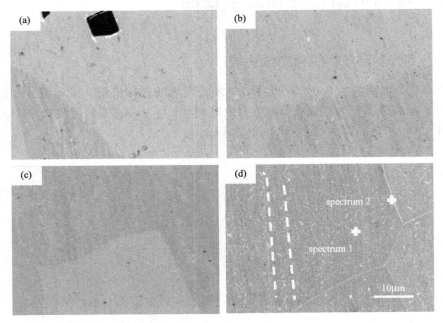

图 3-4 固溶板经 600℃不同时间时效后的 SEM-BSE 形貌

（a）0.5h；（b）1h；（c）2h；（d）4h

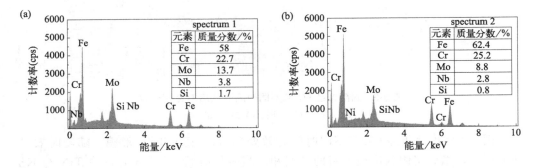

图 3-5 600℃时效 4h 试样中析出相的 SEM-EDS 结果 ［测试点如图 3-4 (d)所示］

表 3-2 为固溶试样 600℃时效处理后的力学性能。由表可知，在研究时效时间范围内，随着时效保温时间延长，其抗拉强度先增加后减小，平均值约为 605～640MPa；屈服强度由 550MPa 逐渐减小至 500MPa；断后伸长率变化不大，约为（24.8～26.1）%；维氏硬度（HV0.1）由 211 逐渐增大至 277；冲击韧性由 125J/cm² 逐渐减小至 103J/cm²。与固溶板相比，600℃时效后其冲击韧性显著降低。

表 3-2　固溶试样 600℃ 时效处理后的力学性能

时效时间/h	抗拉强度/MPa	屈服强度/MPa	断后伸长率/%	维氏硬度（HV0.1）	室温冲击韧性/(J/cm²)
0.5	600±10	550±10	26±4	211±6	125±8.5
1	605±11	525±11	25.4±3	217±3	114.5±7.5
2	640±11	525±11	26.1±3	236±6	100.3±8.0
3	630±13	515±16	25.3±3	246±8	103.2±7.5
4	630±13	500±9	24.8±3	277±8	103.1±6.5

3.2.2　650℃时效组织和力学性能

图 3-6 为固溶板经 650℃不同时间时效处理试样的金相形貌。固溶板经 650℃时效处理后，晶粒形态仍呈等轴状，随着时效时间延长，其平均晶粒尺寸逐步增大，时效 4h 后，其平均晶粒尺寸约为（81.3±4.5）μm。与 600℃时效处理试样相比，其晶粒尺寸略微增大。此外，在晶粒内部发现大量针状第二相分布。

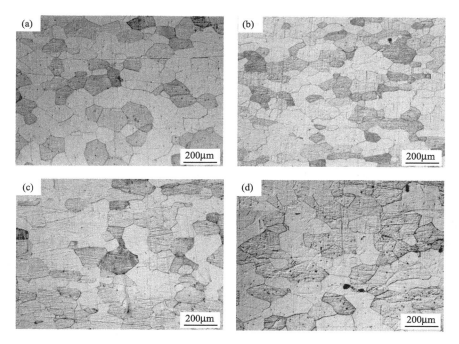

图 3-6　固溶板经 650℃不同时间时效后的金相形貌

(a) 0.5h；(b) 1h；(c) 2h；(d) 4h

图 3-7 为固溶板经 650℃不同时间时效处理试样的 SEM-BSE 形貌，随着时效时间由 0.5h 延长至 4h，试样内逐步观察到亮色中间相。这与 600℃时效处理试样中析出规律一致。当时效保温时间小于 3h 时，除 TiN 与 Nb（C，N）两种颗粒外，并未明显观察到其他中间相；而时效 4h 后，试样中明显出现了两类亮色析出相。

其中，一类为沿晶界分布的纳米级短棒状亮色相，其尺寸约为 50～100nm；另一类为沿晶粒内部分布的微米级针状亮色析出相，其尺寸约为 0.5～4.0μm。其中一部分针状析出相在晶内随机分布，其他部分在晶内呈直线分布[如图 3-7(d)中虚线所示]。与 600℃时效处理试样相比，650℃时效 4h 试样中亮色析出相明显增多。

采用 SEM-EDS 分析了两类析出相的成分特征，650℃×4h 时效试样中析出相的 SEM-EDS 结果见图 3-8。其中，针状相含有较高的 Nb 和 Mo 元素。

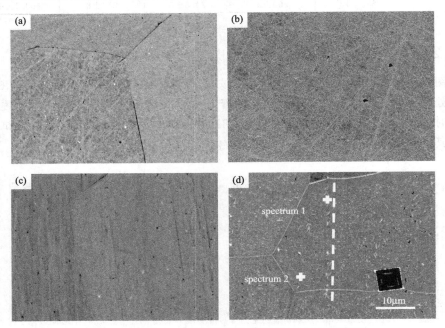

图 3-7 固溶板 650℃不同时间时效后的 SEM-BSE 形貌

(a) 0.5h；(b) 1h；(c) 2h；(d) 4h

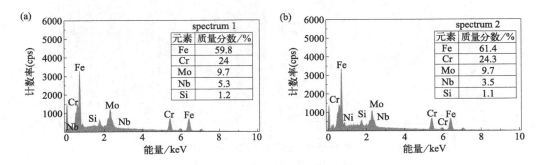

图 3-8 650℃×4h 时效试样中析出相的 SEM-EDS 结果

表 3-3 为固溶试样经过 650℃时效处理后的力学性能。由表 3-3 可知，在 0.5～4h 时效时间范围内，随着时效保温时间的延长，试样的抗拉强度逐步增加，其平均值由时效 0.5h 后的 615MPa 显著增加至时效 4h 后的 710MPa；屈服强度变化范围不大，

约为 485～515MPa；断后伸长率明显下降，由 25% 逐步降至 9.8%；维氏硬度（HV0.1）由 214 逐渐增大至 264；冲击韧性由 114J/cm^2 显著减小至 8.5J/cm^2。与固溶板及 600℃ 时效后的试样相比，650℃ 时效试样的冲击韧性显著降低。

表 3-3　固溶试样 650℃ 时效处理后的力学性能

时效时间/h	抗拉强度/MPa	屈服强度/MPa	断后伸长率/%	维氏硬度 （HV0.1）	室温冲击韧性 /(J/cm^2)
0.5	615±11	500±15	25±3	214±4	114±5.4
1	620±9	505±17	24.5±3	232±6	26.7±1.2
2	650±13	485±14	23±3	218±5	8±0.2
3	680±14	515±12	12.7±2	252±3	4.8±0.2
4	710±14	495±12	9.8±1	264±1	8.5±0.2

3.2.3　700℃时效组织和力学性能

图 3-9 为固溶板经 700℃ 不同时间时效处理试样的金相形貌。700℃ 时效处理后，晶粒形态未发生改变，仍呈等轴状，随着时效时间由 0.5h 延长至 4h，其平均晶粒尺寸由 (68.2±4.3)μm 逐步增加至 (76.0±6.5)μm。与 600℃ 时效处理试样相比，其晶粒尺寸略微减小，这主要是由组织的不均匀性引起的。此外，在晶粒内部明显观察到大量第二相分布。

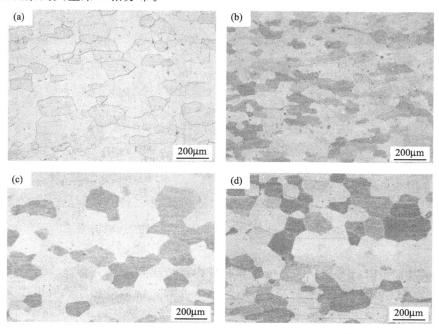

图 3-9　固溶板 700℃不同时间时效后的金相形貌
(a) 0.5h；(b) 1h；(c) 2h；(d) 4h

图 3-10 为固溶板经 700℃不同时间时效处理后试样的 SEM-BSE 形貌，经过 0.5～4h 时效后，除 TiN 与 Nb(C，N) 两种颗粒外，所有试样中均观察到亮色中间相。700℃时效仅 0.5h 后，晶界上就观察到少量纳米级短棒状亮色析出相，同时晶粒内部也观察到少量针状析出相，但晶内针状相尺寸较小，约为 0.5～1.5μm。时效 1h 后，晶粒内部针状析出相显著增多，同时表现出沿直线分布的特征。时效 2h 后，晶界短棒状析出相沿晶界发展，并逐步增多，晶内针状析出相明显增多，尺寸增大，尺寸约为 0.5～2μm，部分针状析出相相互缠结。时效 4h 后，晶界短棒状析出相开始向晶粒内部生长，而针状析出相布满所有晶粒内部，其尺寸明显增大，约为 0.5～4μm。与 600℃、650℃时效处理试样相比，700℃时效处理试样中针状析出相数量增多，尺寸明显增大，且针状析出相相互缠结，在交叉点衬度较亮。晶界析出相一方面沿晶界尺寸增大，另一方面开始向晶粒内部生长。此外，4h 时效试样中在晶界处观察到极少量块状析出相。

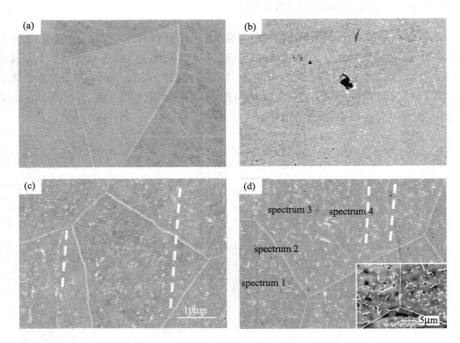

图 3-10 固溶板 700℃不同时间时效后的 SEM-BSE 形貌

(a) 0.5h；(b) 1h；(c) 2h；(d) 4h

采用 SEM-EDS 分析了晶界位置和晶粒内部析出相的成分特征，结果见 3-11。晶粒内部的针状析出相含有较高的 Nb 和 Mo 元素，特别是在针状析出相交叉处，其 Nb 元素的质量分数达到 25.9%[图 3-11(b)]。由于块状析出相尺寸较小，衬度较低，EDS 测试比较困难，其成分将在更高温度时效后测量。

表 3-4 为固溶试样经 700℃时效处理后试样的力学性能。由表 3-4 可知，在

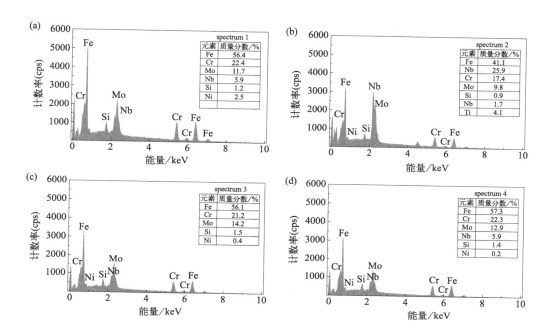

图 3-11 700℃×4h 时效试样中析出相的 SEM-EDS 结果

0.5～2h 时效时间范围内，随着时效保温时间延长，试样的抗拉强度逐步增加，其平均值由时效 0.5h 后的 625MPa 显著增加至 2h 时效后的 725MPa。当时效时间继续增加至 3～4h 时，抗拉强度值变化不大，约为 700～720MPa。0.5～2h 时效后，试样屈服强度几乎不变，约为 480MPa，时效时间延长至 3～4h 后，屈服强度下降至 432～445MPa。断后伸长率随时效时间延长逐步下降至 17%；维氏硬度（HV0.1）在 236～258 范围内轻微变动；700℃时效后，材料的冲击韧性显著下降，时效 0.5h 后其值约为（23.6±0.3）J/cm²，时效 4h 后冲击韧性值仅为（5.7±0.1）J/cm²。

表 3-4 固溶试样经 700℃ 时效处理后的力学性能

时效时间/h	抗拉强度/MPa	屈服强度/MPa	断后伸长率/%	维氏硬度（HV0.1）	室温冲击韧性/(J/cm²)
0.5	625±12	480±8	25.2±3	236±3	23.6±0.3
1	660±11	480±7	20.5±3	251±5	24.2±0.3
2	725±16	480±8	17.5±2	244±2	5.3±0.1
3	720±13	445±7	17.3±3	252±9	5.8±0.1
4	700±13	432±4	17±2	258±6	5.7±0.1

3.2.4 750℃时效组织和力学性能

图 3-12 为固溶板经 750℃不同时间时效处理后试样的金相形貌。固溶板经

750℃时效处理后，晶粒形态未发生明显改变，仍呈等轴状。随着时效时间由0.5h延长至4h，其平均晶粒尺寸由（74.7±5.2）μm增加至（100.9±4.8）μm。与700℃时效处理试样相比，其晶粒尺寸显著增大。此外，在晶粒内部明显观察到大量第二相分布，而晶界处发现了块状析出相。

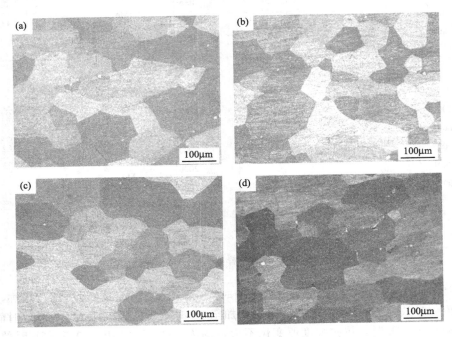

图 3-12 固溶板 750℃不同时间时效处理后的金相形貌

(a) 0.5h；(b) 1h；(c) 2h；(d) 4h

图 3-13 为固溶板经 750℃不同时间时效处理后试样的 SEM-BSE 形貌。经过 0.5~4h 时效后，除 TiN 与 Nb(C，N) 两种颗粒外，所有试样中均观察到中间相。750℃时效仅 0.5h 后，晶界上短棒状析出相就开始向晶粒内部生长，晶粒内部还观察到大量针状析出相，但晶内针状相尺寸较小，约为 0.5~1.5μm。时效 1h 后，晶粒内部针状析出相和晶界短棒状析出相均显著增多，针状相表现出沿直线分布的特征。此外，在部分晶界处观察到少量块状亮色析出相，其尺寸约为 1μm。时效时间延长至 4h 后，晶界上（特别是三叉晶界处）块状析出相数量明显增多，尺寸明显增大，尺寸约为 3~5μm。此外，块状析出相包覆在短棒状相上沿晶界分布。

采用 SEM-EDS 分析了晶界及晶内析出相的成分特征[测试点见图 3-13(d)]，结果如图 3-14 所示。其中，块状析出相含有很高的 Cr 元素，其质量分数约为 30%[图 3-14 中(a)和(d)]。晶界短棒状析出相含有较高的 Mo 元素。晶内针状析出相含有较高的 Mo 和 Nb 元素。

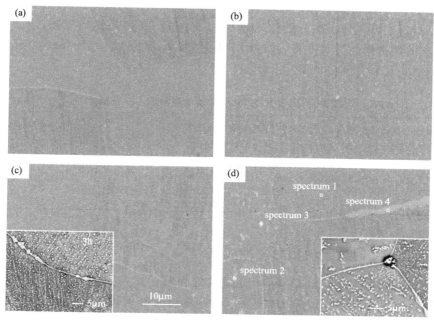

图 3-13 固溶板经 750℃不同时间时效处理后的 SEM-BSE 形貌

（a）0.5h；（b）1h；（c）2h；（d）4h

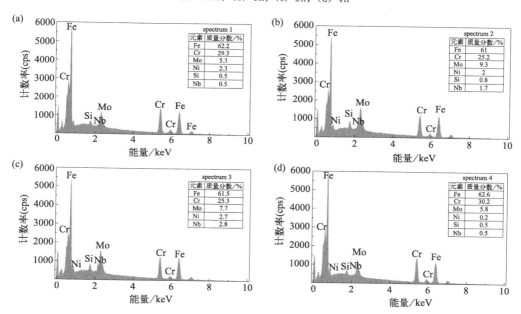

图 3-14 750℃×4h 时效试样中析出相的 SEM-EDS 结果

　　表 3-5 为固溶试样经 750℃时效处理后的力学性能。由表可知，在 0.5～4h 时间范围内，随着时效时间延长，其抗拉强度变化范围较 700℃时效试样小，强度值

为 665～715MPa；试样屈服强度变化较小，约为 470～495MPa；断后伸长率较小，约为（18.5～21.0）%；维氏硬度（HV0.1）在 249～282 范围内变动；750℃时效后，材料的冲击韧性显著下降，时效 0.5h 后约为（22.8±0.5）J/cm^2；时效时间超过 1h 后，其韧性值均小于 $8J/cm^2$。

表 3-5　固溶试样 750℃ 时效处理后的力学性能

时效时间/h	抗拉强度/MPa	屈服强度/MPa	断后伸长率/%	维氏硬度 (HV0.1)	室温冲击韧性/(J/cm^2)
0.5	685±11	495±9	21±6	249±8	22.8±0.5
1	665±10	480±9	18.5±2	260±7	7.9±0.1
2	715±16	470±8	20±3	271±9	4.8±0.2
3	705±14	475±9	18.3±3	272±6	4.8±0.5
4	690±11	475±9	18.5±2	282±11	4.5±0.1

3.2.5　800℃时效组织和力学性能

图 3-15 为固溶板经 800℃ 不同时间时效处理后试样的金相形貌。固溶板经 800℃ 时效处理后，晶粒形态仍呈等轴状，随着时效时间由 0.5h 延长至 4h，其平均晶粒尺寸由（75.2±6.1）μm 增加至（110.6±4.3）μm，与 750℃ 时效处理试样晶粒尺寸变化规律相似。此外，在晶粒内部明显观察到大量第二相分布，而在晶界处发现了大量的块状析出相。因此，当超级铁素体不锈钢中析出相含量较多时，采用 $FeCl_3$ 溶液腐蚀后在金相图像中也可以清晰地观察到组织中晶界与晶内析出相。

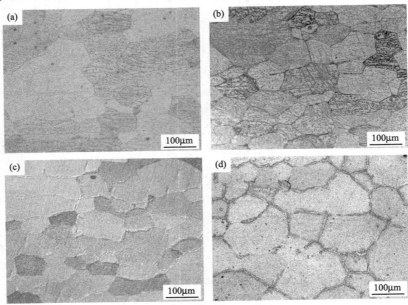

图 3-15　固溶板 800℃不同时间时效后的金相形貌

(a) 0.5h；(b) 1h；(c) 2h；(d) 4h

图 3-16 为固溶板经 800℃不同时间时效处理后的 SEM-BSE 形貌，经过 0.5～4h 时效后，除 TiN 与 Nb(C，N) 两种颗粒外，所有试样中均观察到中间相的形成。800℃时效仅 0.5h 后[图 3-16(a)]，晶界上就形成了浅色块状析出相，尺寸约为 2μm，但数量较少。时效 2h 后[图 3-16(c)]，晶界上块状析出相沿晶界逐步生长，并相互连接。此外，部分块状相开始由晶界向晶内生长，并呈树枝状。当时效时间延至 4h 后[图 3-16(d)]，块状析出相几乎布满所有晶界，并明显向晶粒内部生长。在块状析出相内部观察到大量的微裂纹。在晶界附近的晶粒内部，同样观察到块状析出相，但尺寸较小，约为 5～10μm。晶界上短棒状析出相也布满晶界，而晶内针状析出相略有减少。需要指出的是，与低温时效处理 600～750℃相比，800℃时效处理过程中，析出相尺寸较大，含量较多；随着时效时间的延长，长大速度较快。

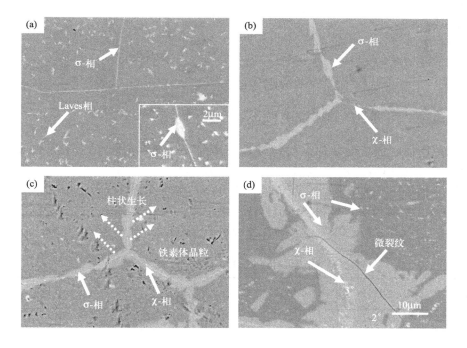

图 3-16　固溶板 800℃不同时间时效后的 SEM-BSE 形貌
(a) 0.5h；(b) 1h；(c) 2h；(d) 4h

采用 SEM-EDS 分析了晶界与晶内析出相的成分特征，结果如图 3-17 所示，800℃时效试样中的析出相与 750℃时效试样结果相似。其中块状析出相富含 Cr 元素[图 3-17(b)]，针状析出相含有 Nb 和 Mo 元素，而晶界短棒状析出相含有较高的 Mo 元素[图 3-17 中(a)和(c)]。钢中块状析出相为 σ-相，晶内针状析出相为 Laves 相。3.2.6 节将利用多种分析技术鉴别钢中的析出相类型。

表 3-6 为固溶试样经 800℃时效处理后的力学性能。由表可知，在 0.5～4h 时

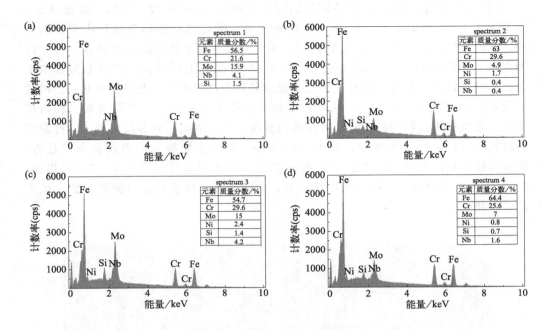

图 3-17　800℃×4h 时效试样中析出相的 SEM-EDS 结果

效时间范围内，随着时效保温时间延长，其抗拉强度逐步减小，时效 4h 后约为 560MPa；试样屈服强度逐步减小，由 485MPa 降至 430MPa；时效时间超过 2h 后，断后伸长率显著下降，约为 (1.5～7.0)%；维氏硬度 (HV0.1) 由 219 增加 至 304；800℃时效后，材料的冲击韧性大幅下降，时效 0.5h 后约为 (10.8±0.1) J/cm²，时效时间超过 1h 后，其韧性值均小于 6J/cm²。

表 3-6　固溶试样经 800℃ 时效处理后的力学性能

时效时间/h	抗拉强度/MPa	屈服强度/MPa	断后伸长率/%	维氏硬度 (HV0.1)	室温冲击韧性/(J/cm²)
0.5	690±11	485±9	22±4	219±11	10.8±0.1
1	700±13	480±10	21±3	237±11	10.5±0.1
2	670±10	470±11	7±2	262±28	5.9±0.2
3	640±8	440±8	3±0.6	282±32	5.5±0.1
4	560±8	430±8	1.5±0.3	304±42	2.7±0.2

3.2.6　中温析出规律和析出机制

3.2.6.1　典型析出相鉴定

综合分析 3.2.1～3.2.5 节可知 600～800℃时效处理后，除 TiN 与 Nb(C，N) 颗粒外，试样中形成了三类中间相。第一类为沿晶界析出的纳米级短棒状相，第二类为在晶粒内部分布的亚微米级针状析出相，第三类为在晶界处沿短棒状相分布的块状析出相。Ma 等研究了 26% Cr 铁素体不锈钢中的析出相，认为主要形成了 σ-相、Laves 相及 χ-相等三种中间相。其中 χ-相沿晶界析出，并含有较高的 Mo 元素；而 Laves 相主要分布在晶粒内部，主要含有 Nb 和 Mo 元素；σ-相也沿晶界析出，且尺寸较大，其 Cr 含量较高。初步认为沿晶界析出的短棒状析出相为 χ-相，晶内针状析出相为 Laves 相，而晶界块状析出相为 σ-相，且在 BSE 模式下，χ-相衬度较 σ-相更大。

利用 XRD 和 EBSD 技术对 800℃时效处理试样中析出相进行了分析，结果如图 3-18 所示。XRD 分析结果表明试样中含有 σ-相，由于 χ-相和 Laves 相含量相对较低，并未在 XRD 中出现相应的衍射峰。通过 EBSD 直接观察到了 σ-相析出，但由于 Laves 相与 χ-相尺寸较小，EBSD 不能明显分辨 χ-相和 Laves 相。EBSD 观测到的 σ-相与 SEM-BSE 模式下的观察结果一致。

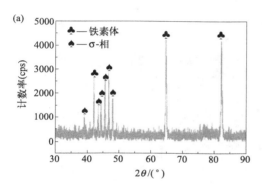 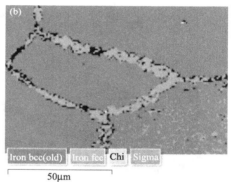

图 3-18　800℃时效试样 XRD 与 EBSD 分析结果
(a) XRD；(b) EBSD

采用 TEM 进一步分析了三种析出相的微观结构。图 3-19 为 800℃时效处理后三种析出相的 TEM 明场像和选区电子衍射（SAED）结果。由图 3-19 可知，晶界短棒状析出相为 χ-相（$Fe_{36}Cr_{12}Mo_{10}$），晶粒内部分布的析出相为 Fe_2Nb 型 Laves 相，其成分特征为 $(Fe, Cr, Ni)_2 (Nb, Mo, Si)$；而晶界块状析出相为 σ-相，其成分特征为 Fe-Cr-Mo，σ-相周围出现了大量的位错。

3.2.6.2　析出机制与演变规律

统计固溶板经 600～800℃等温时效处理后的析出情况，并将其绘制在计算的 TTP 曲线上，结果如图 3-20 所示。由图 3-20 可知，实验结果与计算结果比较吻合。χ-相与 Laves 相析出温度较低，经过 600℃时效 4h 后开始析出。其中 χ-相主要沿晶界析出，呈短棒状；而 Laves 相在晶内析出，呈针状。650℃时效时，Laves 相在 3h 后开始析出，而 χ-相在 4h 后开始析出。700℃时效处理时，Laves 相与 χ-相在保温 0.5h 后开始析出，但 Laves 相尺寸较小。随着时效时间延长，Laves 相

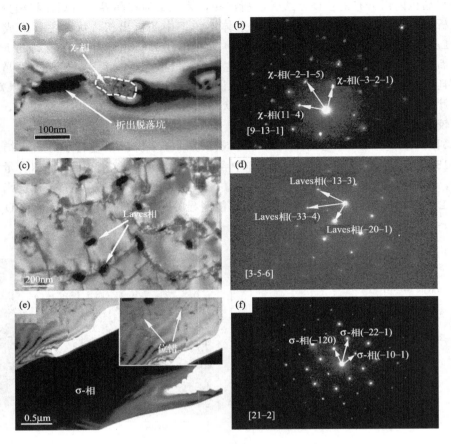

图 3-19 三种析出相 TEM 和 SAED 分析

(a),(b)χ-相;(c),(d)Laves 相;(e),(f)σ-相

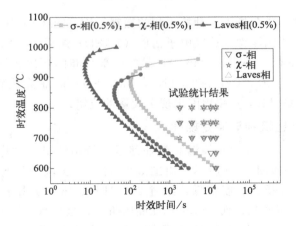

图 3-20 析出相的实验观察及计算结果对比

数量逐渐增多，尺寸逐步增大，χ-相沿晶界开始逐步生长。4h 后 χ-相开始从晶界处向晶粒内部生长。750℃时效处理后，χ-相与 Laves 相析出明显加快，0.5h 后，大部分晶粒内部形成了 Laves 相。3h 后，在晶界上尤其在三叉晶界处形成了 σ-相。随着时效时间延长，晶界 σ-相逐渐增多，逐渐覆盖 χ-相。800℃时效处理后，σ-相析出速度明显加快，3h 后 σ-相几乎布满所有晶界，随着时效时间继续延长至 4h，σ-相开始向晶粒内部生长，σ-相中出现大量的微裂纹。随着时效时间的延长 Laves 相含量逐步减少。典型位置析出相的形貌如图 3-21 所示。

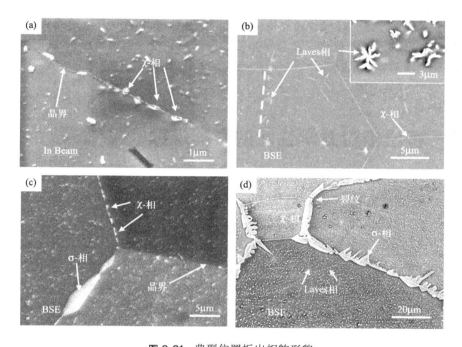

图 3-21　典型位置析出相的形貌

(a) 650℃×4h；(b) 700℃×1h；(c) 750℃×4h；(d) 800℃×4h

钢铁材料中的第二相优先在晶界、亚晶界、位错、相界面等缺陷处形核。Laves 相化学成分为 Fe_2Nb，主要含有 Nb 元素。超级铁素体不锈钢中加入了一定量的 Nb 和 Mo 元素，而钢中的 Nb、Mo 元素容易在位错处偏聚。因此，Laves 相优先在晶内位错处形核，且析出速度较快。此外，雪花状 Laves 相也表明其生长方式为从 Nb 聚集处向四周扩散生长。χ-相主要含有 Fe、Cr、Mo 等元素（$Fe_{36}Cr_{12}Mo_{10}$），具有 bcc 结构，其晶格参数为 $a=0.892nm$。χ-相优先在晶界形核，并沿着晶界生长。由于 χ-相为非稳定相，其化学成分随着退火条件发生变化（见 3.2 节 EDS 结果）。随着退火时间的延长，χ-相不断沿晶界生长，导致晶界附近富含 Cr、Mo 元素，这为 σ-相（Fe-Cr-Mo）的形核提供了成分条件。经研究发现 σ-相析出为 Cr、Mo 元素扩散控制型机制。因此，当 χ-相析出一定程度后，σ-相沿着 χ-相形核。时效时间继续延长时，χ-相向 σ-相转变。当 σ-相沿晶界析出到一定程度后，明显观察到 σ-相由晶界向晶内生长，并具有树枝状形态。EBSD 分析结果可知，其树枝状生长的晶体取向为 [001] 晶向。由于 σ-相具有四方结构，（001）面为较密排面，Cr、Mo 元素扩散阻力较小。因此，沿 [001] 方向优先生长。

随着 σ-相快速生长，在 σ-相中观察到大量的微裂纹。时效过程中，σ-相快速生长需要消耗钢中大量的 Cr 和 Mo 元素，引起 Cr 和 Mo 元素的快速扩散，基体中 Cr 和 Mo 元素的快速脱溶，势必引起晶格扭曲，并在 σ-相周围产生应力集中。此外，σ-相具有四方结构，其晶格参数较大，$a=0.88\sim0.92nm$、$c=0.45\sim0.48nm$、$C=0.52nm$，而铁素体基体具有体心立方结构，其晶格参数较小，$a=0.248nm$。σ-相的形核及长大将引起较大的晶格错配，并产生大的相变应力，因此在 σ-相周围铁素体中观察到大量的位错。随着 σ-相持续生长，当相变应力超过 σ-相在退火温度时的断裂强度后，σ-相内部开裂，并形成大量的微裂纹。

3.3 析出相对力学性能的影响规律

3.3.1 析出相对拉伸性能的影响

图 3-22 为时效工艺对室温力学性能的影响规律。铁素体不锈钢一般通过固溶强化、细晶强化、析出强化等方式提高材料的强度，由于超级铁素体不锈钢含有高的 Cr 和 Mo 元素，在等温时效过程中存在中间相的析出现象及晶粒尺寸的变化。因此，时效过程力学性能变化是多种强化方式综合作用的结果。由图 3-22（a）可知，固溶试样经过时效处理后，其抗拉强度升高。随着时效温度的升高，试样抗拉强度的升高幅度逐渐增加。在 600～800℃时效，随着时效时间的延长，抗拉强度先升高再下降，最后趋于稳定。随着时效温度的升高，其强度升高的转变点向短时间方向移动。

由微观组织和析出相演变行为可知，时效处理后，抗拉强度的升高主要是由试样中纳米级 Laves 相和 χ-相析出引起的析出强化所导致。随着时效温度的升高（向鼻尖温度靠近），Laves 相和 χ-相析出速度加快，数量增多，其析出相强化的效果增强。因此，高于 700℃时效 0.5h 后，其抗拉强度明显升高，即强度升高转变点向更短时间方向移动。时效时间继续增加时，Laves 相和 χ-相逐步长大，数量明显增多，消耗了大量的 Cr、Mo 及 Nb 元素，使试样中固溶的 Cr、Mo、Nb 等元素显著下降，导致固溶强化效果明显减弱，因此出现了抗拉强度下降的趋势。对 800℃时效试样，其强度下降幅度明显高于其他温度，主要由于 800℃时效过程中，试样中出现了大量的块状 σ-相，如 4h 时效后其含量约为 5.3%。σ-相的大量析出，一方面消耗了更多的 Cr 和 Mo 元素，减弱了固溶强化作用；另一方面晶界块状 σ-相严重割裂基体，导致强度下降。此外，σ-相形成了大量的微裂纹，也引起了材料强度的下降。随着时效时间继续延长，抗拉强度值趋于稳定，这主要是由于试样析出相的数量、尺寸及含量基本稳定，析出相引起的析出强化与固溶强化作用的减弱达到了平衡状态。800℃时效过程中并未出现明显稳定状态，这主要是由于 σ-相析出平衡需要更长的时效时间。树枝状生长的 σ-相也印证了 σ-相析出并未达到平衡状态。

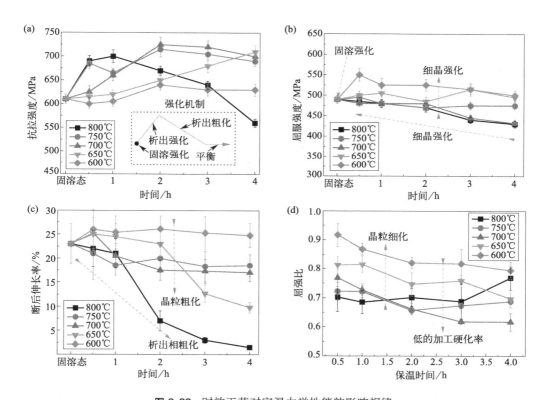

图 3-22　时效工艺对室温力学性能的影响规律
(a) 抗拉强度；(b) 屈服强度；(c) 断后伸长率；(d) 屈强比

图 3-22(b) 为时效处理工艺对固溶后试样屈服强度的影响规律。由图 3-22(b) 可知，随着时效温度及时间的增加，屈服强度均轻微下降，屈服强度值在 430～550MPa 范围内变动，这与析出强化引起的作用并不一致。一般认为屈服强度与晶粒尺寸符合 Hall-Petch 关系：

$$\sigma_y = \sigma_0 + k_y d^{-1/2} \tag{3-1}$$

式中　σ_y——屈服强度；

　　　σ_0——内应力；

　　　k_y——强化系数；

　　　d——平均晶粒尺寸。

根据式(3-1)可知，材料的屈服强度随着平均晶粒尺寸的增加而减小。采用截线法在金相照片上统计了每个试样的平均晶粒尺寸，其值见图 3-23，随着时效时间的延长，平均晶粒尺寸增大。时效温度越高，其晶粒粗化越显著。因此，屈服强度随着时效时间延长而下降。如经过 800℃时效 4h 后，其晶粒尺寸由约 68μm 增加至约 111μm，而屈服强度也由 490MPa 降至 430MPa。此外，σ-相等中间相析出引起的固溶强化作用下降也是屈服强度下降的一个原因。

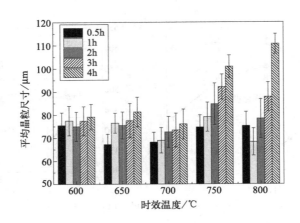

图 3-23 超级铁素体不锈钢时效处理后的平均晶粒尺寸

图 3-22（c）为时效处理工艺对试样断后伸长率的影响规律。由图 3-22（c）可知，断后伸长率的变化趋势与屈服强度的变化趋势相似，随着时效温度及时间的增加，试样的断后伸长率逐步下降，且随着时效温度的升高，其下降幅度显著增加。600℃时效处理后，Laves 相及 χ-相析出尺寸较小，含量较低，因此断后伸长率变化不大，约为 25%。经过 750℃时效后，由于 σ-相析出并长大，其断后伸长率下降至 20%。特别是 800℃时效处理，σ-相大量析出，并布满晶界，引起了断后伸长率显著降至 10%以下。当时效 4h 后，其值继续降至 1.5%。这主要是由于 σ-相在晶界的网状分布，割裂了基体。此外，σ-相中出现了大量的微裂纹，也导致断后伸长率显著降低。

分别计算了每个试样的屈强比，结果见图 3-22（d）。经过 600～800℃时效处理后试样的屈强比为 0.62～0.92。研究表明材料的屈强比取决于材料的屈服强度与应变硬化率。经过低温时效处理后，试样晶粒尺寸较小，且析出相较少，材料具有高的屈服强度及高的应变硬化率。因此，表现出较高的屈强比。随着时效温度的升高，σ-相等中间相增多，固溶强化效应减弱，导致材料的应变硬化率降低，而晶粒的粗化又引起材料屈服强度下降，结果导致屈强比减小。当 800℃时效 4h 后，试样中形成了大量块状 σ-相，并且 σ-相中出现大量的微裂纹，因此在拉伸实验过程中，材料迅速断裂，测试的抗拉强度较低。因此，其屈强比较高。

3.3.2 析出相对显微硬度的影响

固溶态超级铁素体不锈钢经等温时效处理后，试样中形成了大量中间相。特别是 800℃时效处理后，钢中形成了大量的 σ-相。为了反映析出相对材料硬度的影响，本章分别测试基体和析出相的显微硬度值，并计算平均值，以平均值作为材料的硬度指标。时效时间延长，σ-相析出含量增多，引起铁素体基体硬度下降。因此，硬度值标准差较大。

图 3-24 为时效处理工艺对材料显微硬度的影响规律，在 600～800℃ 范围内，随着时效时间的延长，材料的硬度升高。随着时效温度的升高，材料的硬度也逐渐升高。分别测试了典型试样中基体和 σ-相附近区域的显微硬度，结果见图 3-25。由图 3-25 可知，σ-相附近区域硬度（HV0.1）高达 363，而基体硬度（HV0.1）仅为 206。因此，可以认为硬质 σ-相的形成是引起材料硬度显著升高的主要因素。比如，800℃时效 4h 后，材料的硬度（HV0.1）达到约 304。

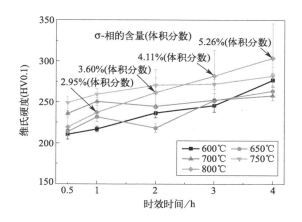

图 3-24 时效工艺对 27Cr-4Mo-2Ni 超级铁素体不锈钢显微硬度的影响规律

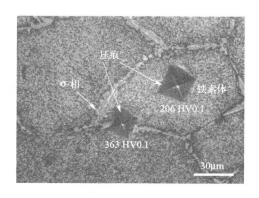

图 3-25 晶界 σ-相与晶粒内部硬度比较

为了揭示 σ-相析出含量对材料显微硬度的影响，分别计算了 800℃ 时效不同时间试样中 σ-相的含量（面积分数），结果见图 3-26。由图 3-26 可知，时效处理后超级铁素体不锈钢的硬度值与 σ-相析出含量成为正线性关系，即材料的硬度随着 σ-相含量增加而增加。因此，可以认为 σ-相析出是引起材料硬度升高的主要因素。此外，该研究结果表明，可以通过显微硬度值的变化初步评估 σ-相析出含量的高低。

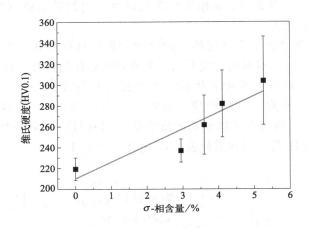

图 3-26 时效处理后超级铁素体不锈钢的硬度与 σ-相含量之间的关系

3.3.3 析出相对冲击性能的影响

图 3-27 为时效处理工艺对材料室温冲击韧性的影响规律，随着时效温度及时间的增加，材料的冲击韧性逐渐减小。600℃ 时效处理后，试样中形成了少量的 Laves 相和 χ-相。因此，其冲击韧性值下降不明显，仅由 149J/cm² 降至 103J/cm²。时效温度为 650℃ 时，当时效时间超过 0.5h 后，由于基体中 Laves 相和 χ-相颗粒数量增多，尺寸增大，材料的冲击韧性由 149J/cm² 迅速降低至 20J/cm²；而时效时间为 4h 时，由于 χ-相占据大量的晶界，严重割裂组织，其韧性迅速降至 8.5J/cm²。当时效温度为 800℃ 时，0.5h 后试样中形成了少量的晶界 σ-相，材料韧性大幅降至 5.5J/cm²，继续延长时效时间至 4h，其韧性值仅为 2.6J/cm²。此外，随着时效温度及时间的增加，材料平均晶粒尺寸增大，这也是恶化材料韧性的另一个原因。因此，可以认为 σ-相的析出严重恶化材料的韧性，比较材料的断后伸长率及室温冲击韧性的变化规律可知，材料的冲击韧性较断后伸长率对 σ-相析出更加敏感。从生产角度来讲，热轧板固溶处理后应该快速冷却至 600℃ 以下，避免 σ、χ、Laves 等脆性相的形成，保证材料的韧性。

图 3-28 为 800℃ 时效试样的室温冲击断口形貌。0.5h 时效后，冲击断口主要为撕裂型断裂，随着时效时间延长至 4h，材料断口主要表现为河流花样和解理台阶，表现为典型的脆性断裂，即随着时效时间延长，材料由韧性断裂转为脆性断

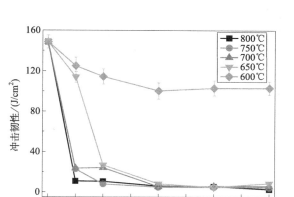

图 3-27　超级铁素体不锈钢时效处理后的室温冲击韧性

裂。Cottrell 模型指出了脆性断裂的判据[参见第 2 章式(2-1)]。

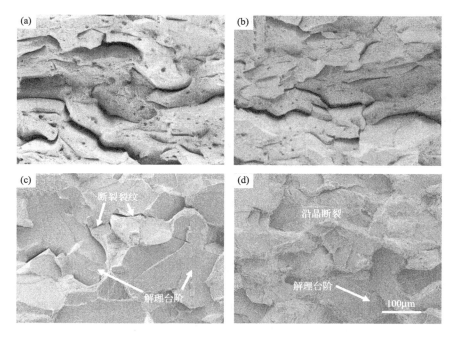

图 3-28　800℃时效处理试样室温冲击断口 SEM 形貌

(a) 0.5h；(b) 1h；(c) 2h；(d) 4h

　　由式(2-1)可知，左边值越大，右边值越小，材料越容易出现韧脆转变现象。本章研究中，随着时效时间的延长，平均晶粒尺寸 d 逐渐增大，公式左边值增大，因此增加了材料脆性转变的风险。此外，时效处理后，由于 χ-相在晶界析出，

Laves 相在位错及亚晶界析出，界面析出相能够阻碍位错向晶界处扩展。因此，公式左边 k_y 增加，特别是出现 X-相布满晶界的情况。此外，σ-相中的微裂纹也可以作为断裂裂纹的起源，降低界面能 γ，也增加了脆性的风险。

冲击实验过程中，试样中微裂纹一般起源于材料中的冶金缺陷处，如相界面，然后不断扩展，最终导致断裂。超级铁素体不锈钢中 Laves 相、X-相及块状 σ-相等中间相的形成，形成了大量的相界面，特别是晶界处形成的 σ-相，弱化晶界。时效过程中 σ-相形核及迅速长大，在晶粒内部形成大量的微裂纹，在变形过程中裂纹快速扩展，是引起材料脆性断裂的主要因素。

3.4 初始晶粒尺寸对析出行为的影响

3.4.1 初始晶粒尺寸与析出相

3.4.1.1 初始晶粒尺寸与晶界密度

由 3.2 节结果可知，σ-相和 X-相主要沿晶界析出，且随着时效时间的延长 σ-相开始在晶内析出，且析出含量逐渐增多。一般认为，再结晶后试样中晶界密度随着晶粒尺寸的增大而减小，为了研究晶界含量对 σ-相析出的影响，采用不同固溶温度的方式制备不同晶粒尺寸的试样。图 3-29 为 1100℃、1150℃、1200℃固溶 15min 后试样的 EBSD 形貌。经过固溶处理后，试样均由等轴晶组成，随着固溶处理温度的升高，再结晶晶粒明显长大。采用 EBSD 数据分别计算了三个温度固溶处理后样品的晶粒尺寸，其平均晶粒尺寸分别约为 $46.3\mu m$、$63.2\mu m$ 及 $101.8\mu m$，具体的晶粒尺寸分布见图 3-29 中的(d)、(e)、(f)。进一步计算了单位面积内晶界的长度（晶界密度），1100℃固溶处理样品中该值约为 $3.3\times10^4 m/m^2$；1150℃固溶处理后试样的晶界密度约为 $2.7\times10^4 m/m^2$；而 1200°固溶处理后试样中晶界密度约为 $1.7\times10^4 m/m^2$。测量的晶界密度值表明，晶粒越细，晶界密度越高。

3.4.1.2 第二相颗粒

图 3-30 为经不同温度固溶处理 15min 后试样中形成的第二相颗粒。在微观组织中发现了大量的立方 TiN 颗粒和球形 Nb(C, N) 颗粒[图 3-30 中(a)~(c)]。TiN 和 Nb(C, N) 颗粒的 EDS 结果见图 3-30 中(d)~(f)。由于 TiN 颗粒析出温度高，主要在液相中形成，因此固溶处理试样中 TiN 颗粒仍保持随机分布。Nb(C, N) 颗粒主要在凝固过程中形成，其析出温度相对较低，约为 1260℃。因此，如在<1260℃温度下退火和时效，TiN 和 Nb(C, N) 颗粒在微观结构中将保持相对稳定。此外，还观察到一些 Nb(C, N) 颗粒在晶粒中沿直线排列（见图 3-30 中虚线部分），还有一些 Nb(C, N) 颗粒位于 TiN 颗粒周围。在背散射电子（BSE）图像上，分别测量了 TiN 和 Nb(C, N) 颗粒的含量（面积分数）。经 1100℃、

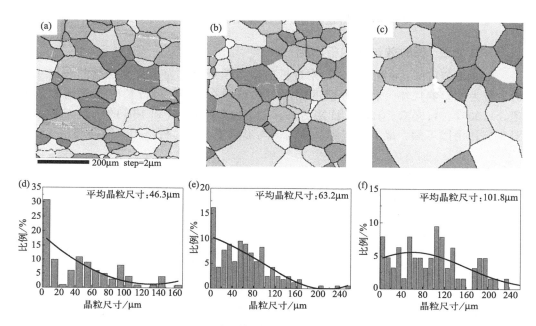

图 3-29 不同温度固溶处理试样 IPF 及晶粒尺寸分布

(a),(d)1100℃；(b),(e)1150℃；(c),(f)1200℃

1150℃和1200°固溶处理后样品中 TiN 颗粒的含量分别约为 4.66％、4.52％和 4.45％，Nb(C，N) 颗粒的含量分别约为 1.85％、1.82％和 1.78％。

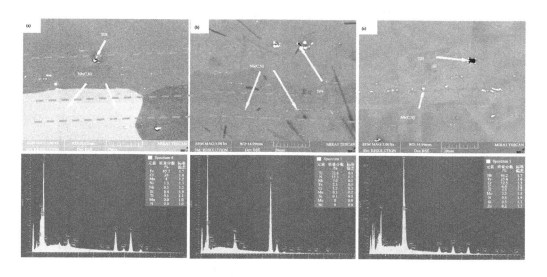

图 3-30 不同温度固溶处理试样 BSE 组织形貌

（a）1100℃；（b）1150℃；（c）1200℃；（d）基体的 EDS 结果；

（e）TiN 的 EDS 结果；（f）Nb(C，N) 的 EDS 结果

3.4.2　初始晶粒尺寸对析出相演变的影响

3.4.2.1　长时效过程的析出相

由 3.1 节可知，σ-相在 800℃附近析出动力学最快，为了研究初始晶粒尺寸对析出行为的影响规律，将三种温度固溶后的试样在 800℃进行长时间等温时效处理。1100℃、1150℃、1200℃固溶后试样经 800℃时效 8h 和 16h 的析出相形貌见图 3-31。由图可知，晶界位置和晶粒内部均形成了大量的析出相。综合利用 XRD、

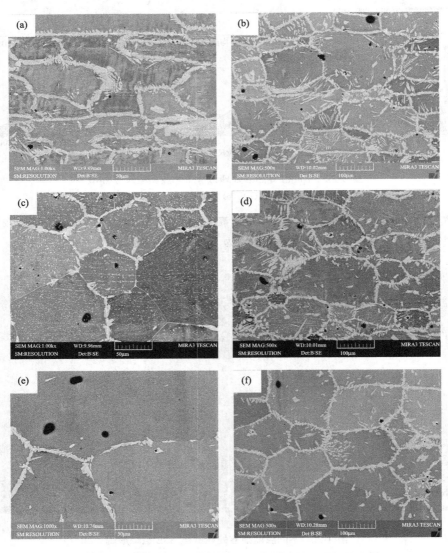

图 3-31　不同温度固溶处理试样经 800℃时效后的 BSE 形貌

(a),(b)1100℃；(c),(d)1150℃；(e),(f)1200℃

EBSD、EDS 等表征技术确定了长时间时效过程中形成的中间相，包括 σ-相、Laves 相和 χ-相。典型析出相的形貌和鉴定结果见图 3-32。典型析出相的 EDS 结果见图 3-33。由图 3-31 和图 3-32 可知，初始晶粒尺寸越大，σ-相析出含量越少。随着时效时间的延长，σ-相不仅沿晶界析出，还在晶界附近的晶粒内部及 TiN 颗粒附近析出，但其析出数量较少。与短时间时效相比（短时时效结果见 3.2.5 节），晶内的 σ-相析出数量明显增多，且析出相形貌发生了转变。

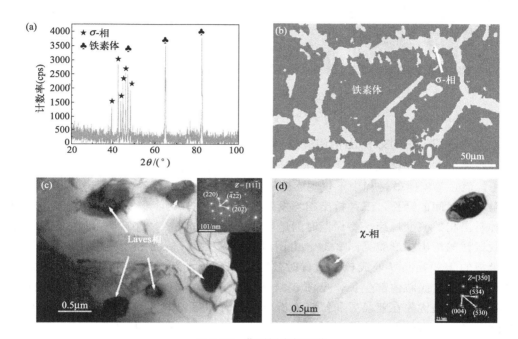

图 3-32　典型析出相形貌
（a）XRD；（b）EBSD；（c），（d）TEM

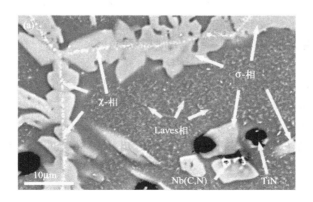

图 3-33

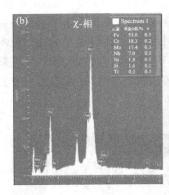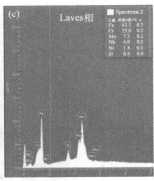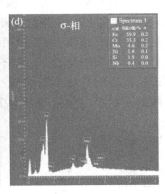

图 3-33 典型析出相的 EDS 结果

（a）析出形貌；（b）χ-相；（c）Laves 相；（d）σ-相

3.4.2.2 长时效析出相演变规律

由 3.2 节研究结果可知，热力学计算相图中仅发现 σ-相和 Laves 相，并未发现 χ-相，而在等温时效过程中不仅观察到了 σ-相和 Laves 相，还观察到了 χ-相。随着等温时效时间的延长，三种析出相均发生了显著变化。为了进一步研究保温过程中三种析出相的演变规律，将保温时间进一步延长至 400h。1200℃固溶后 800℃等温时效试样的析出相形貌见图 3-34。由图可知，χ-相和 Laves 相明显早于 σ-相析出。纳米级的 χ-相在晶界处成核。随着时效时间的延长，χ-相颗粒逐渐占满晶界，并从晶界位置向晶粒内部生长，见图 3-34（b）。Laves 相颗粒主要在铁素体晶粒内部形核，特别是优先在亚晶界和位错处析出。长时间等温时效后，Laves 相、χ-相颗粒逐渐呈直线状分布。随着时效的逐渐进行，大块状 σ-相开始沿着 χ-相在晶界处形核，见图 3-34（b），然后沿着晶界生长。此外，如图 3-34（d）中细箭头所示，还观察到一些块状 σ-相从晶界向晶粒内部生长，最终形成树枝状结构。需要指出的是，时效 4h 后，在 TiN 和铁素体晶粒的界面上还观察到一些 σ-相形核。当等温时效时间达到 300h 时，σ-相颗粒继续增长，而晶界 χ-相和晶内 Laves 相开始减少。χ-相的减少或消除表明可能发生了 χ-相向 σ-相的转变。此外，在 σ-相中还观察到许多微裂纹，这些微裂纹将 σ-相割裂为多个部分。时效 400h 后，除 TiN 和 Nb（C，N）颗粒外，几乎看不到晶界 χ-相和内晶 Laves 相，组织中仅残留大块 σ-相。可以得出结论，χ-相和 Laves 相均不是该合金中的稳定相。

为了更直观地展示长时间等温时效过程中 σ-相、Laves 相和 χ-相的析出过程以及转变规律，绘制了等温时效过程中三种析出相的析出过程示意图，见图 3-35。可见，在等温时效过程中，χ-相和 Laves 相最先析出，其中 χ-相主要沿着晶界析出，而 Laves 相主要在晶粒内部析出，σ-相顺着 χ-相在晶界处析出。随着等温时间的持续延长，χ-相和 Laves 相的数量逐渐减少，直至基本消失。σ-相的尺寸先增大并形成树枝状，随后又逐渐变得圆滑。最终，钢中除了 TiN 和 Nb（C，N）颗

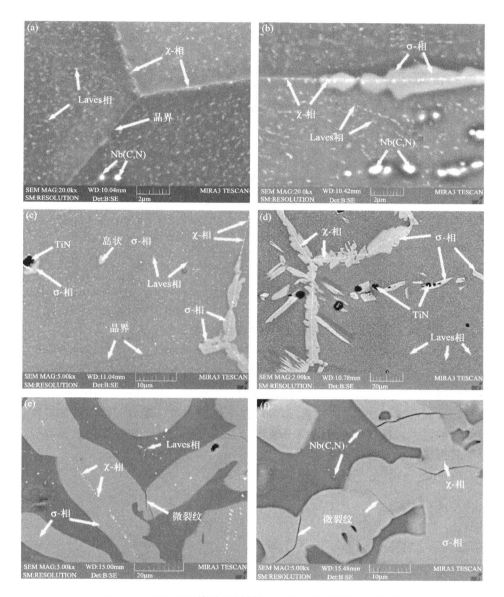

图 3-34 1200℃固溶处理试样经 800℃时效后的 BSE 形貌

(a) 0.5h；(b) 1h；(c) 4h；(d) 8h；(e) 300h；(f) 400h

粒外，主要为块状 σ-相。

3.4.3 初始晶粒尺寸对 σ-相析出动力学的影响

采用 ImageJ 软件分别统计了不同温度固溶试样在 800℃等温时效处理后的 σ-相含量（面积分数），结果见图 3-36。随着 800℃时效时间的延长，三个不同温度

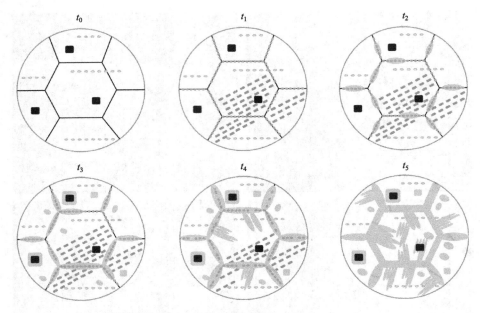

图 3-35 长时间等温时效过程中间相析出过程示意图

■—TiN；∘∘∘∘∘—Nb（C, N）；▪▪▪▪—Laves 相；∞∞∞∞∞—χ-相；◯—σ-相；——微裂纹

固溶试样中 σ-相的含量均增加，且 1100℃固溶试样增加幅度最大，其析出含量（面积分数）达 27.1%。当时效时间相同时，1100℃固溶试样中 σ-相析出含量最多，1150℃固溶试样次之，1200℃固溶试样中最少。由于随着固溶温度的升高，晶粒尺寸明显增大，试样中晶界含量显著降低。因此，σ-相形核的位置明显减少，最终导致其析出含量显著下降。

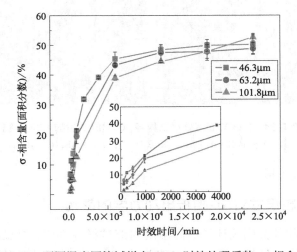

图 3-36 不同温度固溶试样在 800℃时效处理后的 σ-相含量

根据测量的 σ-相析出含量，利用 Johnson-Mehl 方程计算了 σ-相的析出动力学：

$$f(t)=1-\exp(-kt^n) \tag{3-2}$$

式中　$f(t)$ ——时间 t 条件下的 σ-相析出含量；

　　　　k ——与材料相关的常量；

　　　　n ——与材料相关的常量。

根据图 3-36 测量的数据，采用线性回归可分别计算出 k 与 n 值，并最终计算析出动力学模型，计算结果见图 3-37。

一般认为 σ-相析出包括形核和长大两个过程。当 n 值为 1～4 时，σ-相析出为界面控制的形核和长大过程。当 n 值为 0.5～2.5 时，σ-相长大为元素扩散控制机制。当 n 值为 1～2.5 时，上述 σ-相形核和长大机制可以随即发生。

从图 3-37 可以看出，长时间等温时效过程中 σ-相析出的动力学模型由两段组成。其中，析出动力学模型第一段的 n 值为 0.5～1.3，这表明 σ-相析出的第一阶段为晶界控制的形核和长大机制。由于固溶温度越高，晶粒尺寸越大，晶界密度越低。因此，σ-相在第一阶段析出过程中，1200℃高温固溶处理试样中的形核质点较少，导致其析出形核数量少。而 1100℃固溶处理试样中晶界密度大，σ-相形核质点较多，所以其析出动力学最快。析出动力学模型第二段的 n 值均小于 0.5，这表明 σ-相析出的第二阶段主要由元素扩散控制。由于 σ-相主要由 Cr 和 Mo 元素组成，可以认为，此时 σ-相析出主要依赖于 Cr、Mo 元素的扩散。观察图 3-34 可知，长时间等温时效处理后（如 300h 等温时效），在钢中几乎所有的晶界和 TiN 颗粒界面均发现了 σ-相形核。此时，Laves 相和 χ-相颗粒几乎全部消失，而 Laves 相和 χ-相的重新溶解，将使钢中的 Cr、Mo 元素的含量再次提高（见图 3-33EDS 结果，Laves 相和 χ-相中均含有较高含量的 Cr 和 Mo 元素）。这一现象表明，σ-相进一步长大所需要的 Cr、Mo 元素主要由 Laves 相和 χ-相提供。

进一步观察图 3-37，随着固溶处理温度的升高，σ-相析出第一阶段结束所需要的等温时间变短。这同样是由于晶粒尺寸（晶界密度）的变化引起的。1100℃固溶处理后，试样的晶粒尺寸最小，晶界密度最大。在随后的等温时效处理过程中，χ-相析出的形核质点最多。因此，在等温时效处理的初期，1100℃固溶处理试样中的 χ-相析出含量最多。这也为随后 σ-相沿晶界析出提供了充足的 Cr、Mo 元素。因此，σ-相析出第一阶段持续时间最长。

3.4.4　长时效过程中 Laves 相析出和转变机制

现有研究指出，25Cr-3Mo-4Ni 铁素体不锈钢中 Laves 相的析出温度低于950℃，而在 Monit 超级铁素体不锈钢中发现 Laves 相在 700℃以下形成。特别是在 29Cr-4Mo-2Ni 合金或 24.7Cr-3.4Mo-1.9Ni 铁素体不锈钢中没有观察到 Laves相析出。本研究中，在 800℃等温时效后，样品中观察到大量 Laves 相颗粒分布在晶粒中。AISI 444 和 25Cr-3Mo-4Ni 合金的研究表明，Laves 相的体积分数和尺寸随着时效时间的增加而不断增加，这符合经典析出形核和长大理论——Ostwald 熟

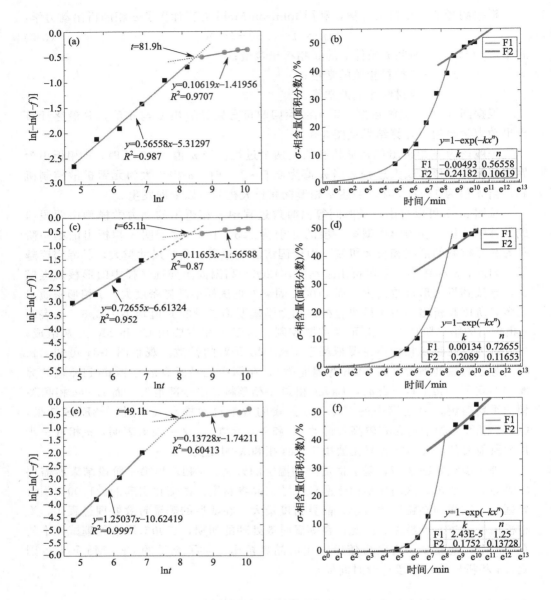

图 3-37 长时间等温时效过程中 σ-相析出的动力学模型

(a)、(b)1100℃固溶处理；(c)、(d)1150℃固溶处理；(e)、(f)1120℃固溶处理

化理论。在本研究中，当时效时间延长到 400h 时，试样中几乎没有观察到 Laves 相，这并不符合 Ostwald 熟化理论。

为了研究上述现象，基于现有铁素体不锈钢中的 Laves 相溶度积方程，计算了 800℃下铁素体不锈钢中 Nb 元素的固溶量，约为 0.0875%（质量分数）。其中，

Fe_2Nb 型 Laves 相在铁素体不锈钢中的固溶度积方程表示为：

$$[Nb] = -3780.3/T + 2.4646 \qquad (3-3)$$

超级铁素体不锈钢中 Nb 元素主要用来稳定化 C、N 杂质元素。假设钢中的 C、N 元素全部和 Nb 元素结合，那么稳定化反应后形成 NbC、NbN 或 Nb(C，N) 所消耗的 Nb 元素，约为 0.238%。由于合金含有 0.31% 的 Nb 元素，所以固溶体中还残留 0.072% 的 Nb。根据上述计算，800℃条件下，固溶体中残余 Nb 元素的含量小于该温度下固溶体中 Nb 的固溶度。因此，并没有多余的 Nb 元素可以供给 Laves 相析出。但实际情况下，在晶粒内部观察到大量的 Laves 相颗粒。可以推断，超级铁素体不锈钢中，温度下降导致 Fe_2Nb 溶度积的降低（即多余 Nb 元素的排出），并不是引起 Laves 相析出的原因。

进一步观察等温时效初期试样中 Laves 相的形貌，见图 3-38。Laves 相颗粒在晶粒中呈直线分布，这与 Nb(C，N) 颗粒在晶粒中的分布规律十分相似，见图 3-38(a) 和图 3-30。此外，Laves 相析出形核，具有从一个点开始生长到该点外部区域的趋势，具体表现为发散状，见图 3-32(b)。采用 EDS 点分析测量了 Laves 相颗粒簇中心点的化学成分，结果表明该测量点区域含有 45%～55% Nb（质量分数），远高于任意单个 Laves 相；而该测量值十分接近固溶处理样品中 Nb(C，N) 颗粒的测量值。可以认为，由于 Nb(C，N) 颗粒中含有高浓度的 Nb 元素，短时间等温时效处理过程中形成的 Laves 相，可能来自 Nb(C，N) 颗粒中 Nb 原子的短程扩散。

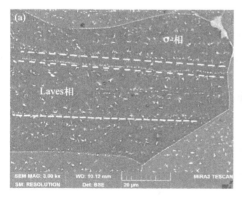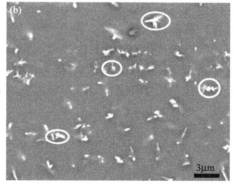

图 3-38　1100℃固溶处理和 800℃时效 1h 后试样的 Laves 相形貌

随着时效时间的增加，组织中 σ-相的析出量超过 50%。此时，大量的 Cr 和 Mo 元素被消耗，并导致基体中 Mo、Cr 含量明显减少。等温时效 400h 后样品中 EDS 测量结果表明，基体中 Mo 和 Cr 的质量分数分别为 1.2%～2.2% 和 24%～25%，明显低于钢中添加的 Mo、Cr 含量。由于 σ-相不含 C 元素，在铁素体向 σ-相转变的过程中（α→σ），C 元素被迫进入未转变的铁素体中。铁素体相含量的减少和铁素体晶粒中 Cr、Mo 的消耗都显著增加了残留铁素体晶粒中 C 元素的浓度。此时，C 元素的浓度可能已超过了该合金在 800℃时 C 元素的固溶度。因此，经过 800℃长时间等温时效后，超级铁素体不锈钢中溶解的 C 元素具有被"排出"固溶体的趋势。由于 C 和 Nb 之间的化学亲和力大于 Fe 和 Nb 之间的化学亲和力，Fe_2Nb 颗粒中的 Nb 元素将会扩散到 Nb(C，N) 中，即形成新的 Nb(C，N) 颗粒。此外，铁素体不锈钢中 Mo 元素具有抑制 Nb 元素扩散的作用，此时铁素体基体中 Mo 含量的降低也更有利于 Nb 的扩散，并促进 Nb(C，N) 颗粒的形成。

综上所述，超级铁素体不锈钢在长时间等温时效过程中，Laves 相的析出是通过 Nb 元素的短程扩散，从 Nb(C，N) 颗粒转化而来。随着时效时间的增加，这些 Laves 相随后又转变为 Nb(C，N) 颗粒。1100~1200℃固溶处理并时效 400h 后，经测量钢中保留了 3.13％~3.42％（面积分数）的 Nb(C，N) 颗粒。此时，Nb(C，N) 颗粒的含量明显大于固溶处理的试样，这也证实了 Fe_2Nb 向 Nb(C，N) 转变的事实。

3.5　超级铁素体不锈钢 475℃脆性评估

图 3-39 为 425~525℃退火后试样的拉伸性能。由图 3-39 可知，随着退火时间延长试样抗拉强度逐渐升高，断后伸长率逐渐下降。相同保温时间条件下，退火温度越高材料的强度越高，但断后伸长率变化不大。力学性能变化表明，与断后伸长率相比，材料强度对 475℃附近退火更加敏感。当 475℃退火时间由 1h 延长至 40h 后，材料强度由 600MPa 升高至 683MPa，而断后伸长率略微下降。在 525℃退火后，材料强度由 1h 的 655MPa 升高至 40h 的 685MPa，断后伸长率同样变化不大。

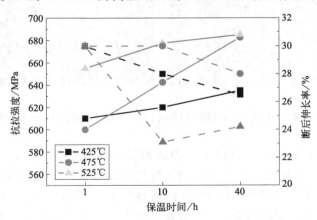

图 3-39　425~525℃退火后试样拉伸性能（虚线代表断后伸长率，实线代表抗拉强度）

　　图 3-40 为典型拉伸试样的断口形貌。由图可知，40h 以内退火试样断口中均未观察到脆断特征，均由韧窝组成，仍以韧性断裂模式为主。但随着温度升高，退火时间延长，韧窝尺寸逐渐增大，大尺寸孔洞逐渐增多，EDS 检测发现孔洞中颗粒主要为 TiN 颗粒。以上结果表明超级铁素体不锈钢 475℃ 附近短时间保温并不显著降低材料韧性，韧脆转变需要更长时间的保温才能出现。

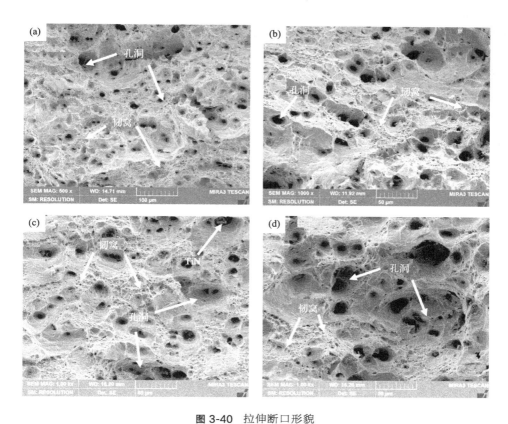

图 3-40　拉伸断口形貌
（a）425℃×1h；（b）525℃×1h；（c）525℃×10h；（d）525℃×40h

3.6　抑制脆性相析出关键控制工艺与应用限制

　　超级铁素体不锈钢在中间温度区间保温或长时间停留时，钢中将形成 σ-相、χ-相以及 Laves 相等中间相。这些脆性中间相的析出，将引起材料塑性降低，甚至导致材料出现脆性断裂。在实际生产过程中，热轧板材加热固溶处理后，需将其快速冷却至 600℃ 以下完成热板卷曲，通过抑制脆性相的析出，来获得性能优异的超级铁素体不锈钢热退板材。此外，超级铁素体不锈钢的晶粒尺寸显著影响中间相的析出动力学；晶粒尺寸越大，晶界密度越低，σ-相析出动力学越缓慢，析出含量越低。但初始晶粒尺寸过大，又会引起超级铁素体不锈钢的"塑韧"性能降低。实际生产过程中要适度控制晶粒尺寸，在保证晶粒不过度粗化的情况下，尽可能减少脆性相的析出。超级铁素体不锈钢在使用过程中，应尽可能减少在425～800℃温度区间长时间使用，以减少析出脆化的风险。此外，超级铁素体不锈钢热轧后需要卷曲成卷，因此终轧后的冷却十分关键。超级铁素体不锈钢热轧板在冷却过程中存在变形组织演化和析出行为的交互作用，本书将在第四章单独介绍热轧变形对析出行为的影响以及改善措施。

第4章

超级铁素体不锈钢热轧后析出与性能控制

　　在超级铁素体不锈钢的制备流程中，一般需要经历板坯热轧→冷却→卷曲→冷却至室温等工艺。根据第三章研究结果可知，超级铁素体不锈钢在600~800℃区间内容易形成σ-相、χ-相、Laves相等中间相，而这些中间相的形成将严重恶化材料的力学性能，特别是材料的冲击韧性。因此，应该避免超级铁素体不锈钢中脆性相的形成。在热轧后冷却及卷曲过程中，板卷不可避免地经历600~800℃温度区间，从而可能引起σ-相等脆性相的析出，并最终导致超级铁素体不锈钢在卷曲和开卷过程中出现脆性开裂的现象。因此，需要研究热轧变形对时效过程中σ-相等中间相析出行为的影响。

　　本章首先将热轧毛坯固溶处理后进行热轧变形实验，随后将热轧薄板进行等温时效处理，研究热轧变形对材料析出行为及力学性能的影响。此外，试样热轧后应立即进行1150℃补热，再水淬至室温，最后进行时效处理，研究热轧后补热对析出行为的影响规律。由于800℃接近σ-相等中间相析出的鼻尖温度，此时σ-相析出动力学较快，因此本章设计时效温度为800℃，技术路线见图4-1。此外，还对比研究了热轧板在线补热处理后组织及对等温时

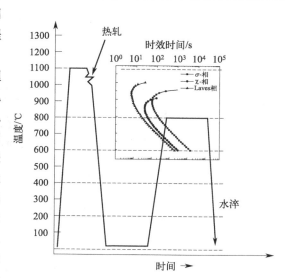

图4-1　热轧和等温时效处理技术路线图

效析出行为的影响，探究变形加速析出倾向的规律，旨在为设计热轧→补热→冷却的工艺路线提供技术及理论支持。

4.1 热轧变形对时效组织的影响

4.1.1 热轧组织和析出相

本章采用 4.1mm 厚热轧毛坯，将毛坯在 1100℃保温 15min 后，快速进行一道次热轧，终轧厚度约为 3.0mm，热轧压下率约为 27%。图 4-2 为实验钢固溶处理（热轧前快速水淬至室温）及热轧后水淬至室温的微观组织和析出相形貌。由图 4-2(a)、(b)可知，原始热轧毛坯板经过 1100℃×15min 固溶处理后完成了再结晶，其再结晶比例约为 98.3%。基于 EBSD 数据计算了试样的平均晶粒尺寸，约为 $(69\pm3)\mu m$。EDS 分析表明，固溶处理后试样中形成了 TiN 及 Nb(C，N) 颗粒，见图 4-2(e)、(f)。Nb(C，N) 颗粒一部分分布在 TiN 颗粒周围[Nb(C,N)以 TiN 颗粒为非均质形核质点形核]，另一部分沿直线分布。固溶前热轧毛坯中 Nb(C，N) 颗粒沿晶界分布，而晶界平直并沿轧向伸长，固溶处理后伸长晶粒完成再结晶形成等轴晶。因此，观察到 Nb(C，N) 颗粒呈直线分布。

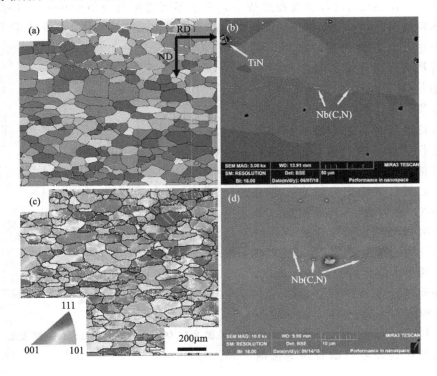

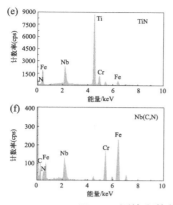
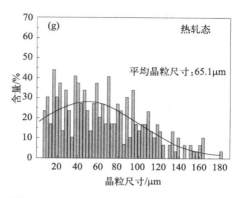

图 4-2　固溶和热轧板的 EBSD 组织和析出相形貌
(a) 固溶态微观组织；(b) 固溶态析出相；(c) 热轧态微观组织；(d) 热轧态析出相
(e) TiN 的 EDS；(f) Nb(C, N) 的 EDS；(g) 热轧态组织中晶粒尺寸分布

观察图 4-2(c)、(d)，固溶板热轧后晶粒沿轧向伸长，在晶粒内部观察到大量的小角度晶界（low angle grain boundary，LAGB，取向差角为 2°~15°）。由于铁素体不锈钢层错较高，且热轧压下率较小（约 27%），热轧变形过程中晶粒主要发生了动态回复。热轧后再结晶比例仅为 2.8%，回复过程中通过位错的滑移及攀移形成了大量亚结构。其中，LAGB 含量（面积分数）约为 88.1%。热轧过程中晶粒间变形不均匀，部分晶粒内部产生了大量的亚结构，而部分晶粒内部较少，且在 <111>//ND 晶粒中观察到了剪切带存在。通过金相组织观察，也可以发现许多晶粒内部形成了剪切带，剪切带与轧向偏转角度约为 33°~38°（图 4-3）。采用 SEM-BSE 模式观察了热轧组织中析出相，如图 4-2(d) 所示，热轧后组织中仍保留了大量的 TiN 及 Nb(C, N) 颗粒，并未观察到其他中间相。利用 EBSD 数据计算了热轧组织的平均晶粒尺寸，约为 (65±3)μm，长短轴比约为 2.5±1.2。热轧板晶粒尺寸分布如图 4-2(g) 所示，晶粒尺寸的宽泛分布也表明了热轧变形的不均匀性。由于本章 EBSD 计算的晶粒尺寸为与晶粒等面积圆形的直径（等效直径），因此热轧后伸长晶粒的平均尺寸小于固溶态试样中等轴晶尺寸。

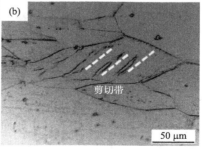

图 4-3　热轧板金相组织　[图 (b) 为图 (a) 中剪切带局部放大图]

4.1.2 热轧时效组织和织构

图 4-4 为热轧板经 800℃ 时效处理后的微观组织。热轧板在 800℃ 分别时效 10min、2h、4h 后，组织中仍含有大量的 LAGB（图 4-4）。由于超级铁素体不锈钢中 Cr、Mo 等合金元素含量较高，材料的再结晶温度显著提高至 1050℃ 以上（参见第三章研究结果），所以热轧板在 800℃ 保温并未开始再结晶，而是以静态回复为主。因此，EBSD 测试结果中观察到大量的 LAGB，且小角度晶界主要分布在 2°～5°（图 4-5）。分别统计了不同状态试样中 LAGB 的含量，结果如图 4-6 所示。固溶处理后，固溶板完成了再结晶，其 LAGB 含量仅约为 3%。热轧板变形后，动态回复过程被激活，导致晶内出现了大量的亚结构，其 LAGB 含量快速升高至约 88.1%。热轧板在 800℃ 时效后，试样发生了静态回复过程，但回复动力学较缓慢，随着时效时间由 10min 延长至 4h，其 LAGB 含量（面积分数）仅在 75.0%～ 76.9% 范围内波动。

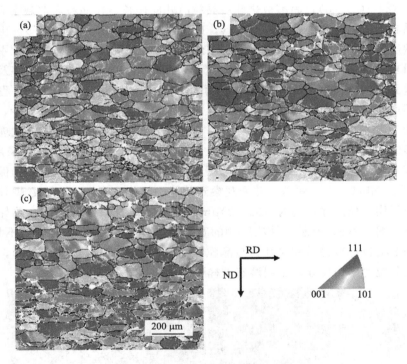

图 4-4 热轧板经 800℃时效后的 EBSD 组织
(a) 10min；(b) 2h；(c) 4h

利用 EBSD 测量数据计算了时效处理后试样的晶粒尺寸，其晶粒尺寸分布和平均晶粒尺寸见图 4-7。由于固溶后晶粒带下不均匀以及热轧变形也不均匀，热轧板经时效处理后，晶粒尺寸分布范围较宽，尺寸分布不均匀。其中时效 10min、2h、

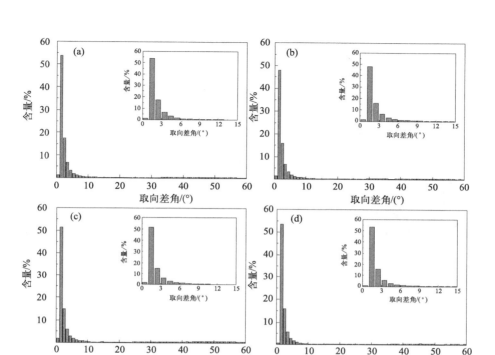

图 4-5　热轧和 800℃时效试样中 LAGB 的含量

（a）热轧态；（b）时效 10min；（c）时效 2h；（d）时效 4h

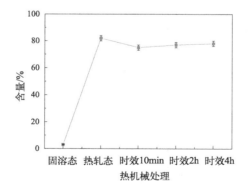

图 4-6　不同状态试样中 LAGB 的含量

4h 后试样的平均晶粒尺寸分别为（65±3）μm、（67±3）μm、（67±4）μm，晶粒尺寸变化较小。由第 3 章等温时效研究可知，固溶板经 800℃时效处理后，其晶粒尺寸随着时效时间的延长明显增大。两者晶粒尺寸的对比结果如图 4-7（d）所示。比较图 4-7（d）后发现，热轧组织在 800℃时效处理后，随着保温时间延长至 4h 后，其晶粒尺寸变化不大，而固溶组织时效后随着保温时间的延长发生了明显的晶粒粗化。两种状态差别较大，这可能与组织中间相有关，这将在 4.2 节详细分析。

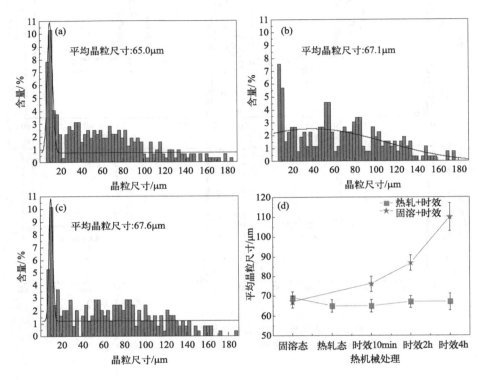

图 4-7 热轧板经 800℃时效处理后的晶粒尺寸分布和平均晶粒尺寸
(a) 时效 10min；(b) 时效 2h；(c) 时效 4h；(d) 平均晶粒尺寸统计

图 4-8 为不同处理状态试样的 $\varphi_2 = 45°$ODF 图。固溶态试样织构较弱，主要由 θ（<001>//ND）、α（<110>//RD）及 γ（<111>//ND）纤维织构组成。其中，织构强度峰值位于 {001} <1$\bar{1}$0>取向。热轧变形后形成典型的变形织构，即 α（<110>//RD）和 γ（<111>//ND）纤维织构。其中织构强度峰值向 α-纤维织构转变，位于 {111} <$\bar{1}\bar{2}$3>取向附近。热轧板经 800℃时效处理后，γ 织构逐渐减弱，而 α 织构逐渐增强。随着时效时间由 10min 增加至 4h，织构组分逐渐由 γ 取向转向 α 取向。一般认为铁素体不锈钢中温退火后，将形成强的 γ-纤维织构，这与本章观察的结果并不一致，而织构的变化可能与钢中析出相有关，这将在 4.1.3 节分析讨论。

4.1.3 热轧板时效过程析出相

图 4-9 为热轧板经 800℃时效处理试样中典型析出相的 TEM 形貌及其 SAED 标定结果。800℃时效处理后，试样中主要观察到 σ-相、χ-相及 Laves 相三种中间

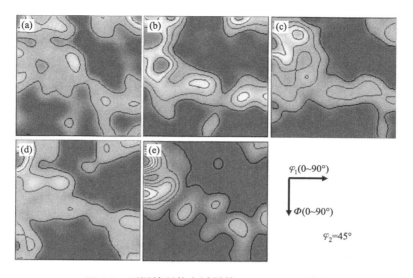

图 4-8 不同处理状态试样的 $\varphi_2 = 45°$ ODF 图

（a）固溶态；（b）热轧态；（c）时效 10min，（d）时效 2h；（d）时效 4h

相，这与固溶板 800℃时效处理试样中观察的析出结果一致。由图 4-9（a）还可以看出，热轧板时效处理后试样中存在大量的位错和亚结构。TEM 结果同样表明 800℃时效后主要为回复组织。此外，采用 XRD、EBSD、EDS-mapping（元素面分布技术）进一步进行了组织与析出相分析，结果见图 4-10。XRD 与 EBSD 中均观察到 σ-相的存在，EDS-mapping 结果表明 σ-相富含 Cr 和 Mo 元素。图 4-10（b）中 EBSD 图也可以看出 σ-相分布在晶界、晶内以及剪切带位置。

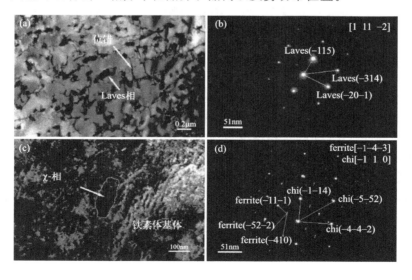

图 4-9

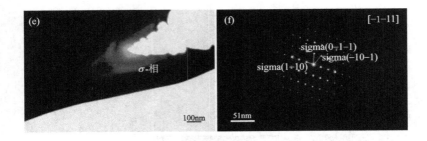

图 4-9 热轧板经 800℃时效处理试样中典型析出相形貌及其 SAED 标定结果

(a),(b)Laves 相;(c),(d)χ-相;(e),(f)σ-相

ferrite 表示铁素体;chi 表示 χ-相

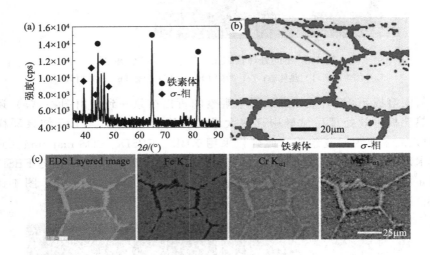

图 4-10 热轧板时效试样 σ-相的 XRD(a)、EBSD(b)及 EDS-mapping(c)分析

　　采用 SEM-BSE 观察了 800℃时效 10min～4h 过程中间相的析出行为,结果见图 4-11。结合 TEM 分析可知,Laves 相在位错和亚结构等位置形核[图 4-9(a)]。随着时效时间的延长,Laves 相逐渐发展为针状,其尺寸约为 0.1～0.3μm,在晶粒内部随机分布[图 4-11(b)]。短时间时效处理后,纳米级 χ-相先在晶界处形核,并呈短棒状,随着时效时间的延长,χ-相迅速沿着晶界生长,逐渐布满晶界,形成晶界网状分布。当时效时间继续延长至 4h,χ-相开始沿着剪切带位置形核,并沿着剪切带向晶内生长[图 4-11(d)]。此外在 TiN 颗粒周围同样观察到 χ-相析出。钢中 σ-相首先沿着晶界在 χ-相附近形核,呈块状。时效 2h 后,σ-相几乎布满所有晶界,并沿着晶界向晶粒内部开始生长并呈树枝状,如图 4-11(c)。图 4-9(e)所示 TEM 图像同样为 σ-相具有树枝状形貌。此外,在晶粒内部也观察到 σ-相析出。随着时效时间增加至 4h 后,观察到 σ-相沿着剪切带围绕 χ-相析出。此外,TiN 颗粒

周围及晶粒内部也观察到 σ-相析出［图 4-11(f)］。需要指出的是，长时间时效后，σ-相中同样观察到微裂纹［图 4-11(d)］。

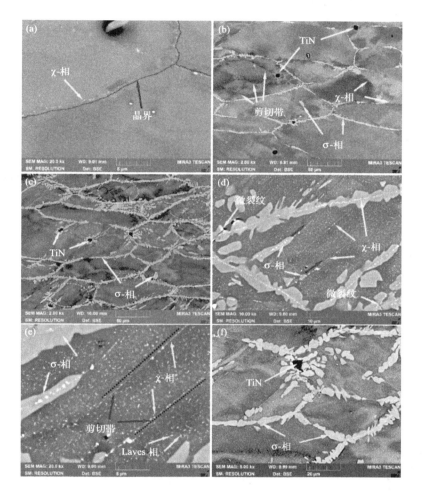

图 4-11　热轧板经 800℃时效处理后析出相 SEM-BSE 形貌
(a)10min；(b)2h；(c)~(f)4h
图 (c) 中虚线为剪切带区域

利用 SEM-EDS 分析了 σ-相、Laves 相、χ-相三种析出相的化学成分，统计结果见表 4-1。由表 4-1 可知，块状 σ-相主要含有 Fe、Cr、Mo 元素。其中，Cr 元素含量约为 (31.8±1.2)% (质量分数)，高于基体中 Cr 元素含量。χ-相与 σ-相具有相同的元素组分，主要为 Fe、Cr、Mo 元素，而 χ-相中 Mo 元素含量较 σ-相高，约为 (15.7±1.0)% (质量分数)。Laves 相主要含有 Fe、Cr、Nb、Mo、Si、Ni 元素，主要为 $(Fe, Cr, Ni)_2 (Nb, Mo, Si)$ 型。与 σ-相和 χ-相相比，Laves 相还含有 Nb 元素，Nb 元素含量约为 10.3±0.8% (质量分数)。这与固溶态等温时效后试样中析出相的成分特征一致。

表 4-1　热轧板经 800℃ 处理 4h 后典型析出相的 EDS 成分（质量分数）　　单位：%

元素	Fe	Cr	Mo	Nb	Si	Ni
基体	67.1±1.1	27.8±1.3	3.0±0.4	0.3±0.1	0.1±0.1	1.7±0.1
σ-相	61.3±1.5	31.8±1.2	4.9±0.5	—	0.4±0.3	1.6±0.4
χ-相	58.0±0.8	22.8±0.9	15.7±1.0	—	1.4±0.4	2.1±0.2
Laves 相	53.6±0.8	20.2±0.8	10.6±0.9	10.3±0.8	1.5±0.4	3.8±1.1

　　为了对比研究热轧变形对 800℃ 时效处理过程中析出行为的影响，将热轧前固溶处理试样水淬至室温，并在 800℃ 等温时效处理，其析出相形貌见图 4-12。纳米级 χ-相主要沿晶界析出，并逐渐布满所有晶界。σ-相最早沿晶界围绕 χ-相析出，随着时效时间延长，开始在晶内析出。Laves 相在晶内随机分布。在时效 8h 以内并未观察到 χ-相与 σ-相在 TiN 颗粒周围析出。直到时效 16h 后，才在 TiN 颗粒周围观察到 σ-相析出；而此时 σ-相明显向晶内长大，晶内块状 σ-相生长为长条状，其长度可达约 50μm[图 4-12(c)、(d)]。但时效 16h 后，晶界 χ-相含量开始减少，一般

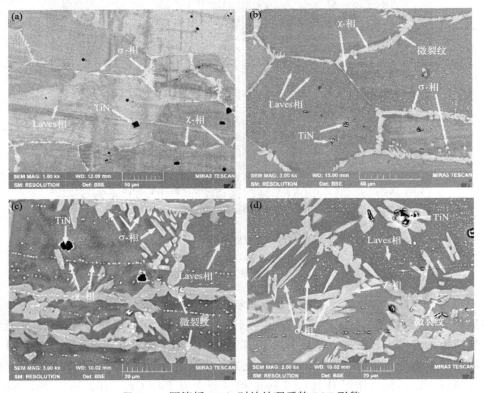

图 4-12　固溶板 800℃时效处理后的 BSE 形貌
(a) 2h；(b) 4h；(c) 8h；(d) 16h

认为 χ-相可以向 σ-相转变，如图 4-12(d) 所示。以上结果表明，若时效时间足够长，χ-相与 σ-相同样也可以在 TiN 颗粒周围析出。由于固溶态试样中并未观察到剪切带，因此未发现 χ-相沿剪切带析出。

4.1.4　热轧变形对析出行为的影响机制

4.1.4.1　热轧变形对形核位置的影响

固溶处理试样经过热轧后，主要以动态回复为主，晶内形成了大量的位错，位错墙及亚晶界见图 4-13。因此，EBSD 测试发现晶内出现了高含量的小角度晶界（见图 4-4 和图 4-5）。此外，通过 TEM 观察，热轧板中并未发现中间相的形成。因此，可以认为中间相形成于 800℃时效处理过程。

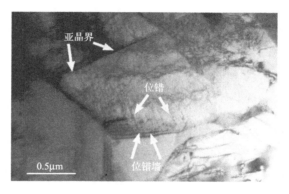

图 4-13　热轧板 TEM 形貌

钢铁材料中的第二相一般优先在晶界、亚晶界、位错、相界面等位置析出。在本章研究中，经过短时间时效处理后，由于晶界处界面能较高，χ-相优先在晶界析出，随着保温时间的延长，Cr、Mo 等 χ-相组成元素逐渐向晶界位置扩散、富集，χ-相沿着晶界不断析出并长大。由于剪切带主要为小角度晶界，内部位错密度高，为 Cr、Mo 元素的扩散提供了通道，因此当时效时间延长至 4h 后，剪切带位置达到 χ-相形核的成分浓度条件，此时 χ-相开始沿剪切带析出。此外，由于剪切带具有较高的变形程度，变形储能较高，为 χ-相析出提供了较大的驱动力，因此 χ-相沿着剪切带快速生长。随着 χ-相析出及长大，在 χ-相周围晶界及剪切带处富集了高浓度的 Cr、Mo 元素。由于 σ-相与 χ-相具有相同的元素组成，因此 σ-相主要沿着 χ-相在晶界及剪切带位置析出。

由图 4-12 分析可知，当固溶处理试样的时效时间达到 16h 后，χ-相和 σ-相可以在 TiN 颗粒周围析出，而热轧试样仅需经 4h 时效后，TiN 颗粒周围就形成了大量的 χ-相和 σ-相。因此，在固溶态下，χ-相和 σ-相在 TiN 颗粒周围析出动力学较低，但热轧变形显著加速了 TiN 颗粒周围的析出动力学。由于 TiN 颗粒与铁素体基体间变形能力差异较大，在热轧过程中 TiN 与基体间产生了应力集中，形成了较高界面能，为 χ-相析出提供了大的驱动力。因此，热轧试样中 χ-相和 σ-相在 TiN/基体界面处形核动力学较高。

热轧变形后试样中形成了高密度位错，在随后的 800℃时效处理过程中，位错的存在为 Nb 元素的扩散提供了通道，因此 Laves 相优先在位错处形核，特别是在位错缠结位置，如图 4-14 所示。随着时效时间的延长，Laves 相在晶粒内部生长，并呈针状；时效 4h 后，其尺寸约为 0.1～0.3μm。固溶板经 800℃时效处理后，Laves 相尺寸较大，约为 0.4～1.5μm。这主要是由于热轧试样中位错密度高，Laves 相形核质点较多。

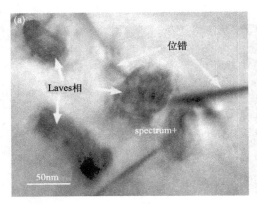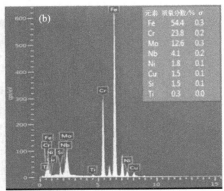

图 4-14　热轧板经 800℃时效 5min 后试样中 Laves 相沿位错析出

4.1.4.2　热轧变形对 σ-相析出动力学的影响

分别统计计算了固溶和热轧板经 800℃时效处理后 σ-相的析出含量，结果见图 4-15(a)。基于 Johnson-Mehl 方程[见第 3 章式(3-1)]计算了 σ-相的析出动力学模型，计算结果见图 4-15(b)。热轧板时效试样较固溶时效试样中 σ-相含量高，并且随着时效时间的延长，σ-相含量差别继续增大。例如，时效 4h 后，热轧时效试样中 σ-相含量（面积分数）约为(8.7±0.7)%，而固溶时效试样中仅为(5.3±0.3)%。不锈钢中 σ-相析出一般经过形核及长大两个过程，由于热轧板中具有大量的亚晶界、位错，且 TiN 与基体界面能量较高，这些晶体缺陷位置为 σ-相析出提供了较多的非均质形核质点。此外，热轧变形后试样变形储能高，为 σ-相析出提供了更高的变形储能及界面能，其析出驱动力较高。此外，热轧板中高密度位错为 Cr、Mo 扩散提供了通道，加速了 σ-相长大。综上所述，热轧板中更多的形核质点与快速的 Cr、Mo 元素扩散，是热轧变形加速 σ-相析出动力学的主要原因[图 4-15(b)]。

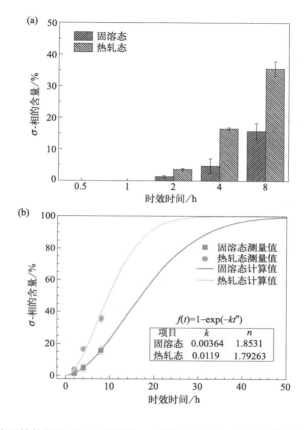

图 4-15　固溶及热轧板经 800℃时效后 σ-相析出含量（a）和计算动力学模型（b）

4.2　析出相对回复组织及织构的影响

4.2.1　析出相对晶粒尺寸的影响机制

根据 4.1.1 节研究结果可知，固溶板在 800℃时效处理后晶粒明显粗化，时效 4h 后，其平均晶粒尺寸约为 110.6μm；而热轧板在相同工艺时效处理后，其晶粒尺寸仅在 64～67μm 范围内变化，这主要与 χ-相析出相关。

4.1.2 节实验结果表明热轧板在 800℃时效过程中主要以回复为主，但其回复动力学较慢。而由第 3 章研究可知，χ-相析出动力学较快，且热轧变形提高了 χ-相析出动力学。比如，时效仅 10min 后，纳米级 χ-相沿晶界大量析出［图 4-11（a）］，由于晶界析出的 χ-相钉扎晶界，导致保温过程中晶界迁移被抑制，见图 4-16。随着保温时间延长（如 2～4h），χ-相几乎占满所有晶界（图 4-11），χ-相钉扎作用逐渐增强。此外，长时间时效处理后 σ-相大量析出，在晶界附近 Cr、Mo 元素富集，因此 Cr、Mo 等元素的溶质拖拽作用也将阻碍晶界的迁移。因此，尽管长时间时效处理，但晶粒长大现象并不明显。此外，由于 Laves 相优先在位错处析出，在 800℃时效处理过程中，Laves 相阻碍位错的运动，因此回复动力学较缓慢。图 4-16 为 χ-相阻碍位错运动、钉扎亚晶界。

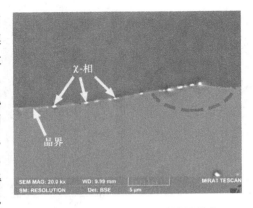

图 4-16 800℃ × 10min 时效试样中
χ-相钉扎晶界

4.2.2 析出相对回复织构的影响机制

现有研究表明铁素体不锈钢晶粒变形与晶体取向相关。首先基于 EBSD 数据计算了变形组织的泰勒因子（Taylor factor，M），结果见图 4-17。γ 取向晶粒的泰勒因子（M）值较大，约为 3.5；而 α 取向晶粒 M 值较小，约为 2。热轧变形过程中，由于 γ 取向晶粒变形抗力较大，而 α 取向晶粒内部变形程度较小，导致 γ 取向晶粒内部容易出现剪切带。图 4-2 与图 4-3 也观察到晶粒间不均匀变形现象。进一步统计了热轧和时效试样中主要织构组分的含量，结果见图 4-18。热轧和时效处理后试样中的 α 织构组分含量均最高，γ 织构组分次之。随着时效时间的延长，α 织构组分增强，而 γ 织构组分反而下降。

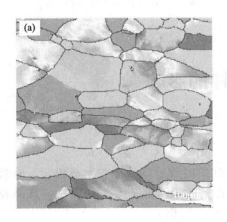 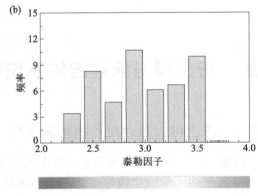

图 4-17 基于图 4-2（c）EBSD 数据计算热轧试样泰勒因子

铁素体钢中 α 取向变形晶粒具有较高的热力学稳定性，因此其回复动力学较高。随着时效时间的延长，晶粒内部位错发生攀移使其继续进行静态回复。当位错

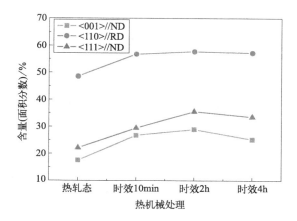

图 4-18　800℃时效处理后各织构组分含量

聚合形成亚晶界时，Laves 相开始沿亚晶界析出，并开始阻碍变形组织进一步回复，见图 4-19(a)。图 4-19(a)中亚晶内部比较光滑，也证明位错已经发生了攀移运动，形成了亚晶界。但亚晶界进一步运动受到阻碍。因此，800℃时效处理后，α变形晶粒发生了一定程度的静态回复[图 4-19(b)]，并引起 α-纤维织构增强。利用 Channel 5 软件计算了热轧板时效 2h 后试样组织的 KAM 值，结果见图 4-19(d)。由图 4-19(d)可知，γ取向晶粒内部剪切带附近 KAM 值最高（2～2.5），而 α取向晶粒内部 KAM 值较小（<1）。KAM 值越高，其晶粒内部组织越不均匀，位错密度越高，变形储能也越大。α取向晶粒内部 KAM 值较小，位错密度低，也表明其发生了回复。但 γ取向晶粒内部剪切带附近 KAM 值较高，表明其并未明显发生回复过程。这主要是由于剪切带为强变形结构，变形储能较高，诱发纳米级 χ-相在剪切带周围析出，而 χ-相在小于 4h 时效过程中比较稳定。因此，χ-相可以显著阻碍剪切带周围组织的回复，并且时效处理后 γ织构减弱，而 α织构较强。此外，界面附近溶质原子拖拽也起到了一定的阻碍作用。

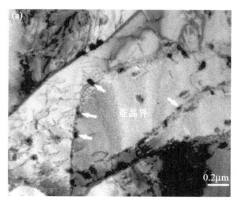
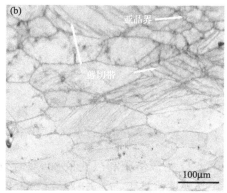

图 4-19

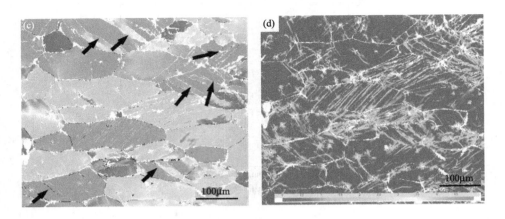

图 4-19 热轧板经 800℃时效处理后试样微观组织分析

（a）TEM；（b）EBSD；（c）IPF；（d）KAM 值

4.2.3 热轧变形对时效试样力学性能的影响机制

图 4-20 为固溶态和热轧态试样的工程应力-工程应变曲线。由于 Cr 和 Mo 元素的固溶强化作用，固溶处理后试样的抗拉强度达到（690±11）MPa，断后伸长率为（20±2）%。热轧变形后，由位错增殖引起的应变硬化作用，使其抗拉强度升高至（731±10）MPa，而断后伸长率下降至（14±3）%。

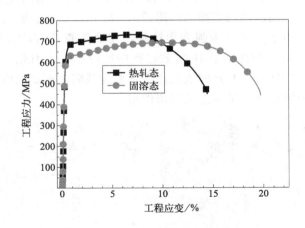

图 4-20 固溶态及热轧态试样的工程应力-工程应变曲线

图 4-21 为固溶板和热轧板 800℃时效处理后试样的显微硬度。固溶试样经过热轧后，其硬度（HV0.1）由 248.6±7.9 增加至 311.6±10.6。这主要是由于热轧变形使试样中形成了高密度位错，并产生了位错强化而引起硬度升高。热轧试样经

10min 时效处理后，其硬度下降，而随着时效时间继续延长，其显微硬度持续升高。固溶试样时效后的硬度变化规律与热轧时效试样一致。时效 10min 后，热轧组织发生了回复，而回复过程引起位错密度下降，导致试样中由热轧变形引起的位错强化作用减弱。此外，由于少量 χ-相和 Laves 相析出，消耗了铁素体基体中固溶的 Cr、Mo、Nb 元素，其合金元素的固溶强化效应弱化。因此，时效 10min 后试样的显微硬度下降。随着时效时间的延长，Laves-相、χ-相析出数量快速增加。由于这些第二相的析出强化作用，其硬度缓慢升高（图中虚线斜率代表硬度增加速率）。时效时间超过 2h 后，σ-相开始快速大量析出，由于 σ-相硬度较基体高，因此大量 σ-相的快速析出并长大，使试样的硬度升高速度加快。虽然 σ-相析出也将导致 Cr、Mo 固溶强化效果减弱，但 σ-相高硬度的属性，仍使得材料的硬度明显升高。

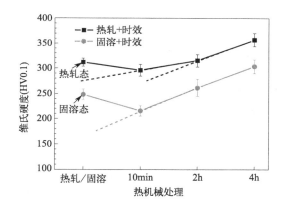

图 4-21　固溶板和热轧板 800℃时效处理后试样的显微硬度

　　由于热轧变形显著促进 σ-相等中间相的析出动力学，热轧时效试样中 σ-相含量高于固溶时效试样（图 4-15）。因此，热轧时效试样硬度均高于固溶时效试样，且热轧时效试样硬度增加的速率也明显高于固溶时效试样。

　　图 4-22 比较了热轧时效试样和固溶时效试样的拉伸性能。材料的抗拉强度与断后伸长率均随着时效时间的延长而明显降低。由于热轧过程中位错引起的强化效应，固溶试样抗拉强度由 (610.0 ± 10.2)MPa 增加至 (731.6 ± 11.2)MPa，而其断后伸长率由 (23 ± 3.4)% 下降至 (14.4 ± 3.3)%。时效 10min 后，热轧与固溶试样的断后伸长率分别为 (20.0 ± 2.25)% 和 (22.0 ± 2.8)%。时效时间延长至 4h 后，两种试样的伸长率均降至 5% 以下。

　　铁素体不锈钢的强化方式主要包括固溶强化、位错强化、析出强化等。800℃ 时效 10min 后，由于变形组织的回复降低了试样中的位错密度，热轧试样的抗拉强度下降了约 120 MPa，尽管此时少量 χ-相在晶界析出，但其断后伸长率由 (14.4 ± 3.3)% 显著提升至 (22.0 ± 2.8)%。时效 2h 后，热轧试样的抗拉强度继续降至 (583 ± 8)MPa。时效 4h 后，其强度进一步降至 (529 ± 8)MPa。这主要是由于大量

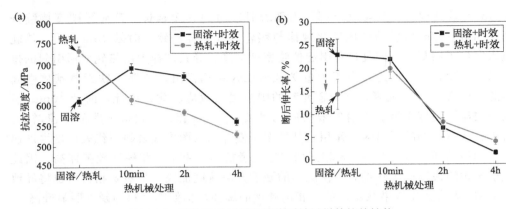

图 4-22 热轧时效试样和固溶时效试样的拉伸性能

中间相的析出与粗化，消耗了大量的 Cr、Mo、Nb 元素，显著减弱了固溶强化的作用。由于热轧时效试样中间相（特别是 σ-相）析出含量高于固溶时效试样，因此热轧时效试样抗拉强度低于固溶时效试样。此外，χ-相和 σ-相在晶界析出弱化晶界，割裂基体，导致材料的伸长率降低。当时效 4h 后，由于大部分晶界被 χ-相和 σ-相铺满，因此拉伸实验过程中出现了突然断裂现象。此外，σ-相中存在的大量微裂纹也是材料突然断裂的另一个原因。

　　热轧板经 800℃时效处理后试样的冲击断口形貌见图 4-23。热轧板时效 10min 后，冲击断口主要由韧窝组成，随着时效时间延长至 1h，断口中出现撕裂裂纹；2 ～4h 后，断口主要由河流花样与解理台阶组成，表现出脆性断裂的特征。结合组织和力学性能分析结果可知，短时间时效处理后，由于 χ-相和 Laves 相数量较少，试样塑性较好，主要为韧性断裂。当时效时间延长至 2h 后，χ-相和 Laves 相的数量逐渐增多，尺寸逐渐增大，特别是晶界块状 σ-相析出，材料表现出脆性断裂的特征。因此，可以认为，σ-相析出严重恶化材料的韧性，并使材料出现脆性断裂，而少量纳米级 χ-相、Laves 相析出对塑性影响较小。

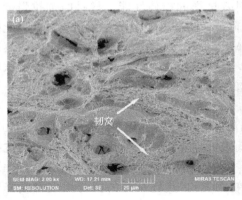

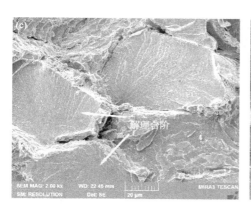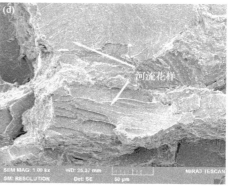

图 4-23 热轧板经 800℃时效处理后试样的冲击断口形貌

(a) 10min；(b) 1h；(c) 2h；(d) 4h

4.3 热轧后补热对时效组织及析出行为的影响

超级铁素体不锈钢在生产过程中，热轧后需冷却至一定温度后进行卷曲，随后将热轧卷快冷至室温。根据 4.2 节研究可知，热轧变形显著促进 σ-相等脆性相的析出，而 σ-相析出将严重恶化材料的韧性。因此，需要严格控制热轧后的冷却过程，比如冷却速率和冷却温度等，这也给超级铁素体不锈钢生产增加了组织控制难度。针对热轧后冷却要求控制严格、脆性相析出风险较大的不足，通过在热轧后及时补热的工艺来消除热轧变形组织，并进一步研究轧后补热对 σ-相析出的影响规律。本章将 4.2mm 厚毛坯加热至 1100℃，并保温 10min，然后立即进行热轧，热轧后材料的厚度约为 2.9mm，然后将热轧板在 1150℃分别保温 20s、40s、80s，最后水淬至室温。

4.3.1 热轧板在线补热后组织和析出

图 4-24 为热轧水淬后试样的金相组织和析出相形貌。热轧后形成了沿轧向伸长的纤维组织，晶粒内部形成了大量的剪切带。热轧试样中存在较多的 TiN 颗粒及 Nb(C,N)颗粒。

图 4-25 为热轧后于 1150℃在线补热不同时间试样的微观组织及析出形貌。1150℃补热 20s 后，试样仅完成了部分再结晶，再结晶率约为 70.5%，大部分晶粒仍沿轧向伸长，并在晶界处观察到少量 σ-相析出。这主要是由于热轧后试样快速降温，而在线补热时间较短，热轧试样实际温度未能升高至 1150℃。研究表明，大压下率热轧板在 1000℃等温退火后仍存在 σ-相析出。因此，短时间补热后试样温度较低，所以观察到 σ-相沿晶界析出。热轧试样 1150℃在线补热 40s 后，试样

完成了再结晶，形成了等轴晶粒，再结晶率约为 98.3％，平均晶粒尺寸约为 56.3μm。试样中未观察到 σ-相析出，仅保留 TiN 与 Nb(C,N) 颗粒。1150℃在线补热 80s 后，晶粒尺寸长大，平均晶粒尺寸约为 75.2μm，试样中也仅观察到 TiN 与 Nb(C,N) 颗粒。

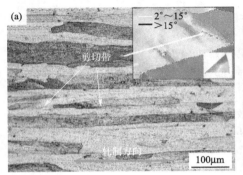
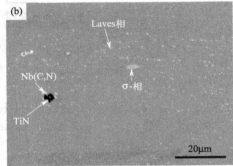

图 4-24 金相组织和析出相形貌

（a）微观组织；（b）析出相形貌

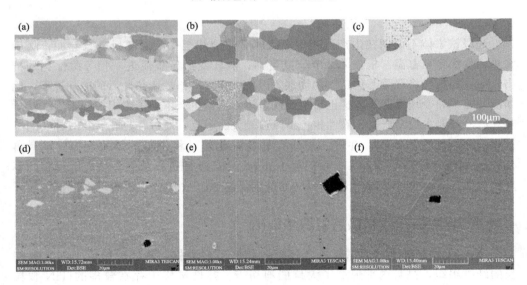

图 4-25 热轧板 1150℃补热后组织及析出形貌

（a），（d）20s；（b），（e）40s；（c），（f）80s

4.3.2 轧后补热对时效析出行为的影响

4.3.2.1 热轧变形对 σ-相析出动力学的影响

图 4-26 为热轧板经 1150℃补热后在 800℃时效 0.5～2h 后的析出形貌。热轧

板及补热 20s 试样时效 0.5h 后形成了大量 σ-相，而补热 40s 和补热 80s 试样在时效 1h 后才观察到明显的晶界析出 σ-相。随着时效时间的延长，每组试样中 σ-相含量均不断增加，尺寸不断增大。其中，σ-相主要沿晶界析出，在 TiN 颗粒周围及剪切带处也观察到 σ-相析出。热轧变形组织中 σ-相的析出机制已在 4.1.3 节中详细论述，在此不再赘述。

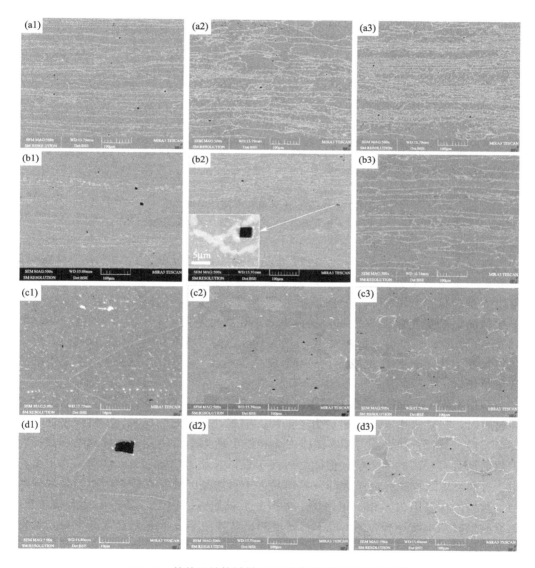

图 4-26　热轧及补热试样 800℃时效处理后的析出形貌

（a1）～（a3）热轧试样；（b1）～（b3）补热 20s 试样；（c1）～（c3）补热 40s 试样；

（d1）～（d3）补热 80s 试样；（a1）～（d1）时效 0.5h；（a2）～（d2）时效 1h；（a3）～（d3）时效 2h

分别统计了每个试样中 σ-相析出含量，结果如图 4-27(a)所示，随着时效时间延长，σ-相含量逐渐增多；相同时效时间时，热轧板中 σ-相含量均最高。其中，热轧板时效处理 2h 后 σ-相含量约为 57.6%。此外，时效相同时间时，随着补热时间的延长，σ-相含量减少。

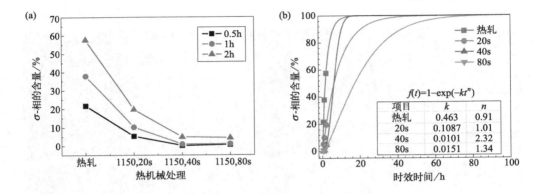

图 4-27 σ-相析出含量和析出动力学模型
（a）σ-相含量；（b）σ-相析出动力学模型

由 4.2 节可知，热轧变形显著促进 σ-相等中间相析出。1150℃补热 20s 后，变形组织发生了部分再结晶，所以其等温时效析出含量减少。但由于试样中仍保留了大量的位错和亚结构，σ-相析出数量仍较高。1150℃补热 40s 后，试样完成了再结晶，变形组织基本消除，因此 800℃等温时效后，σ-相析出含量急剧减少，时效 4h 后其 σ-相含量（面积分数）仅为约 4.9%。在 1150℃补热 80s 后，由于晶粒尺寸增大，晶界含量减少，σ-相形成位置减少。因此，等温时效后 σ-相析出含量最低。

根据 Johnson-Mehl 方程计算了试样中 σ-相析出动力学，结果见图 4-27(b)。等温时效时，热轧板中 σ-相析出动力学最快，随着补热时间的延长，σ-相析出动力学逐渐减慢。对比补热 20s 与 40s 试样中 σ-相析出动力学曲线发现，补热 20s 试样在时效前期具有较高的动力学，但随着时间延长，其动力学弱于 40s 试样。这主要是由于补热 20s 试样中完成了大部分再结晶，未再结晶区域存在较多的剪切带和亚结构，这些结构缺陷为 σ-相析出提供了更多的形核质点。因此，其析出动力学较快。随着时效时间不断延长，σ-相析出不断增多，基体中 Cr、Mo 元素逐渐下降，浓度梯度不断减小，Cr、Mo 元素的扩散动力减弱。此时，σ-相析出动力学减慢。对于补热 40s 试样，等温时效过程 σ-相主要沿晶界析出，析出动力学较慢，随着等温时间延长，TiN 颗粒周围也可以作为 σ-相形核质点，加之基体中 Cr、Mo 元素含量较高，因此在时效后期其析出动力学加快。最终长时间时效后，40s 补热试样中 σ-相析出动力学快于 20s 试样。

4.3.2.2　热轧变形对 Laves 相析出的影响

一般认为，超级铁素体不锈钢中的 Laves 相析出温度范围为 $600\sim750℃$。Guo 等研究表明，超级铁素体不锈钢加热后慢冷会导致钢中形成大量 Laves 相。研究表明轧制变形会提高 Laves 相的开始析出温度。图 4-28 为热轧试样的微观组织。本研究主要包括实验钢热轧后，由于铁素体组织层错能高，在晶内形成了大量的位错、亚晶界等微观结构内容（图 4-28）。Fe_2Nb/Mo 型 Laves 相中主要含有 Fe、Nb、Mo 等元素，而热轧后形成的位错与亚晶界等微观缺陷为 Nb、Mo 元素的扩散运动提供了快速通道，明显加速了 Nb、Mo 的扩散（图 4-29）。因此，热轧和随后冷却过程中，位错线周围的 Nb、Mo 元素含量不断增加，并逐渐在位错线、亚结构等缺陷处形成 Nb、Mo 元素偏聚[图 4-29(b)]。当偏聚的 Nb、Mo 元素含量满足 Laves 相析出的成分要求时，最终在位错线上形成了 Laves 相。

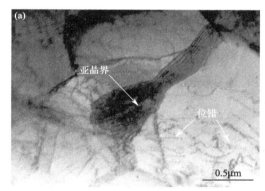

图 4-28　热轧试样的微观组织

（a）TEM；（b）EBSD

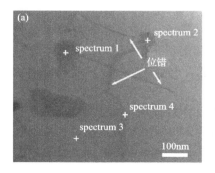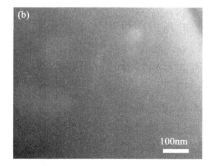

图 4-29

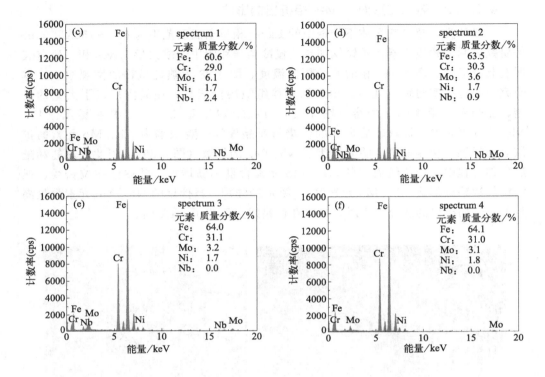

图 4-29 热轧态试样 Laves 析出相的 TEM 形貌和 EDS 测试结果
（a）明场像；（b）暗场像；（c）～（f）EDS 测试结果

4.4 热轧后补热技术展望

　　热轧组织中位错密度高，亚晶界含量高，这显著加速了冷却过程中 σ-相、χ-相、Laves 相等脆性中间相的析出。上述中间相的析出不仅严重恶化材料的塑韧性，引起材料脆化，而且还会降低其耐腐蚀性能，严重制约了该产品规模化生产与广泛应用。

　　本章研究提出了一种超级铁素体不锈钢轧后补热技术（图 4-30），揭示了热轧变形加速 σ-相等脆性相析出的微观机制，构建了 σ-相析出动力学模型。通过热轧后 1150℃短时间补热，可以消除热轧变形组织，形成完全再结晶组织，有效减慢 σ-相析出动力学，为热轧后冷却提供了更宽的时间窗口来改善析出脆化问题，解决了热轧后冷却卷曲过程中钢板易开裂、成品率低的难题。

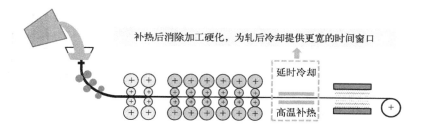

图 4-30　轧后补热技术示意图

第**5**章

超级铁素体不锈钢 脆性相的回溶与性能控制

超级铁素体不锈钢由于 Cr 和 Mo 元素含量高，钢中极易形成 σ-相、χ-相等脆性析出相，尽管通过"高温加热＋快速冷却"可以抑制脆性相析出，或者通过热轧后补热技术消除加工变形、抑制中间相析出，但实际生产与应用过程中，因工艺参数控制不当仍可能出现脆性相的析出，导致材料报废。通过回溶处理，重新溶解脆性析出相，恢复材料的韧性，可以达到脆化材料的再利用。本章研究了脆性析出相的回溶行为、晶粒粗化现象及其对力学性能的影响，提出了控制脆性相回溶并恢复材料塑韧性的关键工艺参数。本章首先将 1100℃固溶处理后的试样在 800℃进行等温时效处理，保温时间 6h，保温后立即水淬至室温。随后对等温时效处理后的试样进行回溶处理，研究回溶处理过程中脆性相的回溶行为和力学性能。

5.1 析出脆化超级铁素体不锈钢组织和性能

5.1.1 超级铁素体不锈钢时效脆化

将固溶处理后的样品进行 800℃时效处理 6h，固溶处理和时效处理试样的工程应力-工程应变曲线见图 5-1。结果表明，在 800℃时效 6h 后，固溶处理样品的伸长率从 27％急剧下降到 1.5％；同时，断口特征由韧窝断裂转变为解理断裂，表明出现了脆化现象。

5.1.2 脆化超级铁素体不锈钢的组织和析出

图 5-2 显示了固溶处理样品的显微组织和析出形貌。观察到固溶处理样品由平

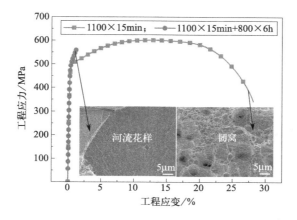

图 5-1 800℃下时效处理 6h 和 1100℃固溶处理的工程应力-工程应变曲线

均尺寸为(50.2±2.5)μm 的完全再结晶晶粒组成。SEM 图像显示，在固溶处理样品中仅发现立方 TiN 和球状 Nb(C,N)颗粒。

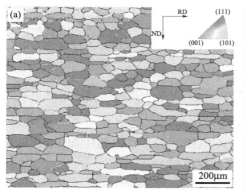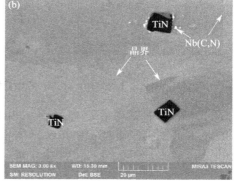

图 5-2 固溶态样品的显微组织和析出相形貌

(a) 微观组织；(b) 析出相形貌

图 5-3 为 800℃时效 6h 试样中的析出相形貌。除了固有的不可避免的碳氮化物外，在微观结构中还观察到 σ-相、Laves 相和 χ-相等三种析出相[图 5-3(a)]。大块 σ-相主要在晶界析出，呈枝晶状，而一些 σ-相颗粒位于晶粒中[图 5-3(b)]。测得 σ-相的面积分数为 (17.5±2.4)%，垂直于晶界的厚度方向尺寸为 5～9μm。此外，在晶界 σ-相颗粒中还观察到一些横穿微裂纹。纳米尺寸的 χ-相颗粒主要分布在晶界位置。亚微米 Laves 相颗粒主要位于晶粒内的位错和亚晶界处[图 5-3(c)]。EDS 结果[图 5-3(d)]表明，Laves 相富含 Nb 和 Mo 元素。根据 EDS 分析可鉴定为 Fe_2(Nb,Mo)。时效处理样品的平均晶粒尺寸为(53.0±1.9)μm，与固溶处理试样相近。由第 4 章研究可知，等温时效处理过程中，晶界位置形成的纳米级 χ-相颗粒具有钉扎晶界的作用，所以在等温时效过程中未发现晶粒明显粗化。

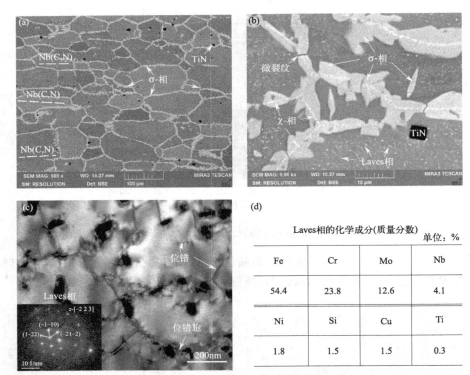

表中 Laves 相的化学成分（质量分数）数据如下：

Laves相的化学成分(质量分数)			单位：%
Fe	Cr	Mo	Nb
54.4	23.8	12.6	4.1
Ni	Si	Cu	Ti
1.8	1.5	1.5	0.3

图 5-3 800℃时效 6h 试样中的析出相形貌

（a）BSE 图像；（b）图（a）的放大视图；（c）TEM 图像；（d）EDS 结果

图 5-4 为等温时效处理样品中 σ-相和铁素体相之间的取向关系。结果表明，EBSD 技术可以很好地对 σ-相和铁素体相进行组织分析，它们的取向关系为$\{113\}<21\text{-}1>_{(F)}//\{110\}<1\text{-}13>_{(\sigma)}$，偏差角分别为 5°和 27°。

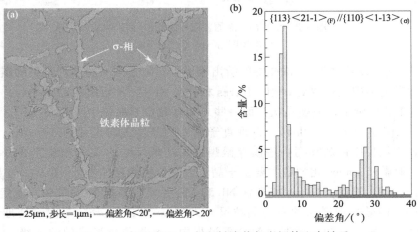

图 5-4 σ-相形态和 σ-相与铁素体相之间的取向关系

（a）EBSD 相图；（b）$\{113\}<21\text{-}1>_{(F)}//\{110\}<1\text{-}13>_{(\sigma)}$的偏差角分布

5.2　超级铁素体不锈钢脆性相的回溶行为

5.2.1　950℃回溶行为

图 5-5 为 800℃时效 6h 试样经 950℃回溶处理后的析出相形貌。在 950℃回溶处理过程中，试样中仍观察到大量的 σ-相、Laves 相和 χ-相。随着保温时间由 5min 增加到 60min，σ-相的比例略有下降，由 (17.5±2.4)% 降至 (16.4±3.4)%。在此期间晶界 σ-相的形状发生了明显变化，由树枝状转变为圆棒状。加热过程中，χ-相也发生了一些变化，特别是部分晶界位置 χ-相颗粒被溶解，而在 950℃再加热期间没有观察到 Laves 相发生明显变化。

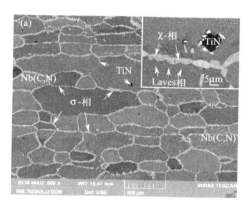

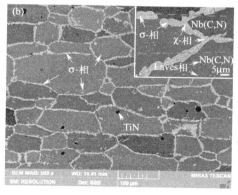 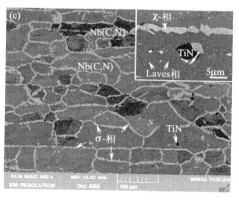

图 5-5　800℃时效 6h 试样经 950℃回溶处理后的析出相形貌

（a）5min；（b）30min；（c）60min

5.2.2 1000℃回溶行为

图 5-6 为 800℃时效 6h 试样经 1000℃回溶处理后的析出相形貌。在 1000℃回溶处理过程中，析出相的形貌和含量均发生了较大变化。保温 60min 后，晶界位置 σ-相的尺寸减小到 2～6μm。已析出 σ-相的含量进一步降低至（8.3±1.2）%，部分晶界位置的 σ-相颗粒被完全溶解［见图 5-6(c)］。1000℃回溶处理过程中，晶界位置析出的 χ-相变化十分显著。当保温时间仅为 5min 时，χ-相几乎全部消失［图 5-6(a)］。当保温时间增加到 60min 时，晶粒内部分布的 Laves 相颗粒明显减少，但在一些晶界位置又观察到 Laves 相形成［图 5-6(c)］。

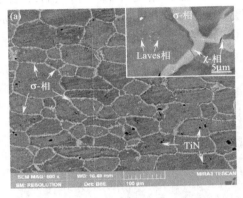

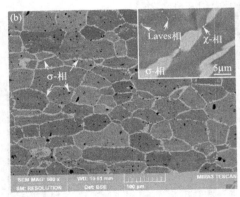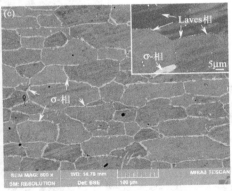

图 5-6　800℃时效 6h 试样经 1000℃回溶处理后的析出相形貌
(a) 5min；(b) 30min；(c) 60min

5.2.3 1050℃回溶行为

图 5-7 为 800℃时效 6h 试样经 1050℃回溶处理后的析出相形貌。在 1050℃回

溶处理过程中，析出相的含量和形貌均发生了十分显著的变化。当回溶处理过程中的保温时间＞30min 时，已析出的 σ-相和 χ-相几乎完全消失，仅在晶界位置观察到大量 Laves 相，其尺寸为 0.2～0.5μm。经测量，1050℃ 保温处理 30min 样品中，晶界位置重新析出的 Laves 相的面积分数为（0.10±0.02）％；当保温时间增加到 60min 时，Laves 相的面积分数增加到（0.14±0.02）％。

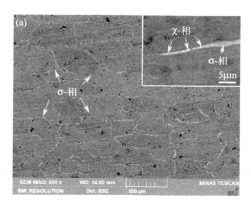

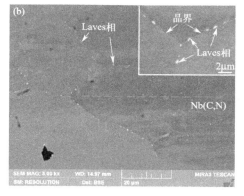 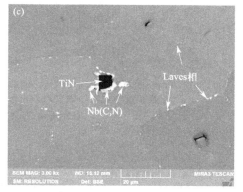

图 5-7　800℃时效 6h 试样经 1050℃回溶处理后的析出相形貌

(a) 5min；(b) 30min；(c) 60min

5.2.4　1100℃回溶行为

图 5-8 为 800℃时效 6h 试样经 1100℃回溶处理后的析出相形貌。在 1100℃回溶处理过程中，时效过程中形成的 σ-相、Laves 相和 χ-相被完全溶解，仅检测到 TiN 和 Nb(C,N)颗粒。但在 1100℃回溶处理过程中发生了晶粒粗化现象。当保温时间为 60min 时，样品的平均晶粒尺寸增加到（65.2±3.2）μm。

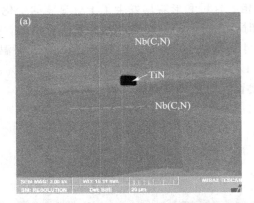

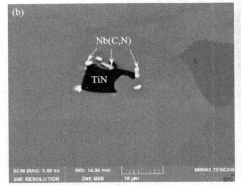 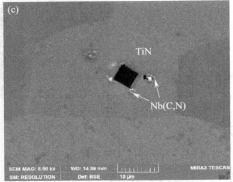

图 5-8　800℃时效 6h 试样经 1100℃回溶处理后的析出相形貌

(a) 5min；(b) 30min；(c) 60min

5.3　析出 σ-相的回溶动力学

　　5.2 节的研究结果表明，回溶处理的温度对 σ-相的溶解过程影响很大。本节进一步研究不同温度下 σ-相的回溶动力学。不同温度回溶处理后试样中残留 σ-相的面积分数见图 5-9。

　　利用 Johnson-Mehl-Avrami-Kolmogorov（JMAK）方程来描述超级铁素体不锈钢中 σ-相的回溶行为，JMAK 方程为：

$$y = \exp(-kt^n) \tag{5-1}$$

式中　y——残余 σ-相和初始 σ-相的面积分数之比；

　　　k——与材料相关的常数；

　　　t——表示过程进行时间；

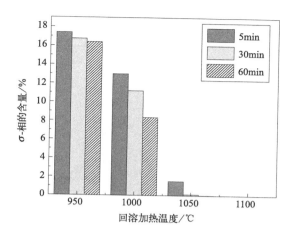

图 5-9　再加热试样中剩余 σ-相的比例

　　n——与材料相关的常数。

　　由于 σ-相的回溶过程是一个扩散控制过程（热激活过程），式(5-1)中的参数 k 可以用下式表示：

$$k = k_0 \exp(-Q/RT) \tag{5-2}$$

式中　k_0——与材料相关的常数；

　　　　Q——激活能；

　　　　R——普适气体常数，$(8.31\mathrm{J \cdot mol^{-1} \cdot K^{-1}})$；

　　　　T——热力学温度。

　　将式(5-1)中等号两边取对数，得到式(5-3)。将试验测量的数据代入式(5-3)可获得 $\ln(-\ln y)$-$\ln t$ 关系曲线，见图 5-10 中(a)、(c)、(e)。采用线性回归法计算出每个温度下的 n 和 k，并计算相应温度下的回溶动力学方程，结果见图 5-10 中(b)、(d)、(f)。

$$\ln(-\ln y) = n\ln t + \ln k \tag{5-3}$$

　　由图 5-10 可知，1050℃回溶处理过程中，σ-相的回溶动力学最快，随着回溶处理温度的升高，回溶动力学速率下降。当回溶处理的温度低于 1050℃ 时，需要相当长的时间才能将已析出的 σ-相完全溶解。在高温长时间加热过程中，超级铁素体不锈钢的晶粒很容易粗化，因此选择合适的回溶处理温度十分重要。根据图 5-10 中 σ-相的回溶动力学曲线，进一步绘制了 σ-相的时间-温度-回溶曲线，见图 5-11。可以看出，固溶处理温度≥1050℃时，σ-相可以很快完全回溶。

　　将式(5-2)等号两边同取对数，得到式(5-4)，基于此可以进一步计算 σ-相在回溶过程中的激活能 (Q)。将 k、T 和 R 值代入式(5-4)，并采用线性回归法计算出 Q_σ 和 k_0 值，结果见图 5-12。Q_σ 和 k_0 的计算值分别为 865.8kJ·mol^{-1} 和 9.55×10^{33}。本文计算的 Q_σ 值较大，这可能是由时效处理过程中 σ-相的析出不完全造成的。

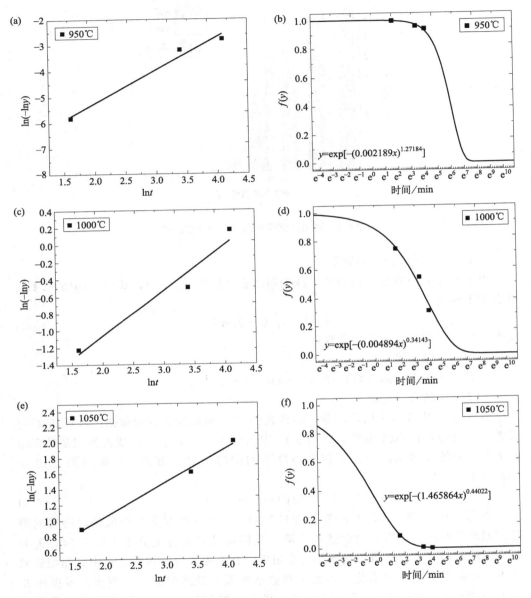

图 5-10 JMAK 模型中 $\ln(-\ln y)$-$\ln t$ 关系(a)、(c)、(e) 与
σ-相溶解动力学曲线（b）、（d）、（f）

（a），（b）950℃；（c），（d）1000℃；（e），（f）1050℃

$$\ln k = \frac{-Q_\sigma}{R}T^{-1} + \ln k_0 \tag{5-4}$$

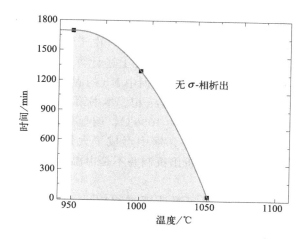

图 5-11　时间-温度-回溶曲线

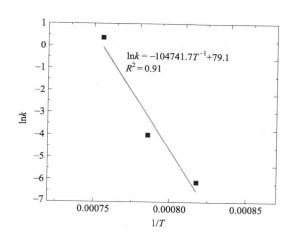

图 5-12　950～1050℃回溶处理试样中 σ-相溶解的活化能（Q_σ）与
指数因子（k_0）之间的函数关系

5.4　回溶过程 Laves 相的再析出行为

由 5.2 节可知，在 1000～1050℃回溶处理过程中，在铁素体晶界位置又重新观察到 Laves 相的析出。这可能与 σ-相溶解过程中元素的扩散相关。

采用第 3 章中式(3-2)计算了不同温度下 Laves 相的固溶度。固溶处理温度为

950℃、1000℃、1050℃、1100℃ 时超级铁素体不锈钢中 Nb 的固溶含量（质量分数）分别约为 0.237%、0.313%、0.405%、0.515%。钢中完全形成 NbC、NbN、Nb（C,N）颗粒时需消耗约 0.222% 的 Nb 元素。由于钢中添加了 0.37% 的 Nb 元素，此时钢中还剩余 0.148% 的 Nb 元素。由上述计算可知，钢中残留的 Nb 元素的含量（0.148%）远小于 950～1100℃下钢中 Nb 的固溶量（0.237%～0.515%）。因此，钢中没有足够的 Nb 元素形成 Laves 相。本书第 2 章中计算的平衡相图（图2-1）显示，Laves 相的最高析出温度为 1006℃，明显低于本章中采用的固溶处理温度。但实际上，在回溶处理过程中，钢中形成了大量的 Laves 相颗粒。这也说明，回溶处理过程中 Laves 相的再析出机制并不是由温度降低导致 Nb 元素排出而引起的。

为了揭示超级铁素体不锈钢回溶处理过程中 Laves 相的再析出行为，采用 TEM 和 EBSD 分别观察了等温时效和回溶处理后试样的微观组织，结果见图 5-13。由图 5-13(a) 可以看出，原始固溶态试样在 800℃等温时效处理过程中，由于

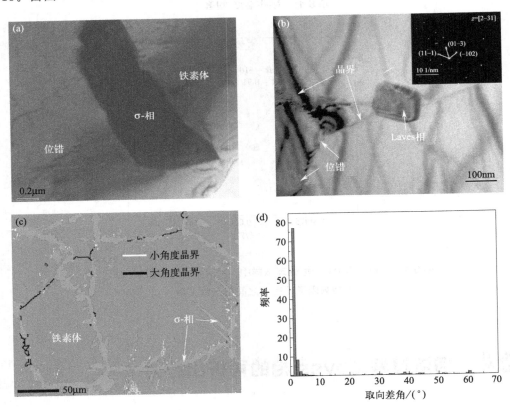

图 5-13 时效处理试样中析出相形貌和晶界分布
(a) σ-相 TEM 形貌；(b) Laves 相 TEM 形貌；(c) EBSD 形貌；(d) 取向差角分布

σ-相的快速析出，在 σ-相颗粒周围的铁素体晶粒中形成了大量的位错（本书第 3 章图 3-19 也观察到该现象）。采用 EBSD 技术对回溶处理后的样品进行大面积扫描，结果在 σ-相颗粒周围确实观察到大量的小角度晶界。回溶处理样品中晶界取向差角分布见图 5-13(d)。从图中结果计算可知样品中小角度晶界的含量达到了 90.5％。从回溶处理试样的 TEM 图像［见图 5-13(b)］可以看出，回溶处理过程中 Laves 相在晶界析出；同时，Laves 相周围铁素体晶粒中存在大量位错。

　　本书第 2~3 章研究指出，热轧变形过程中形成的高密度位错、亚晶界等可以显著促进 Laves 相的析出，并可以将 Laves 相的析出温度提高至 1050℃以上。结合图 5-13 观察到的结果，分析如下。尽管等温时效处理样品未经过轧制变形，但由于 σ-相的快速析出，在其周围"预制"了大量的位错。随后在 σ-相的溶解过程中，晶界位置富集了大量的 Mo、Cr 元素。此外，时效过程中形成的晶内 Laves 相在溶解后使晶内富集大量的 Nb、Mo 元素，晶界周围形成的位错也为 Nb 元素向晶界处扩散提供了通道。以上几个方面的综合作用，最终导致 Laves 相在晶界位置再析出。当回溶处理温度继续升高至 1100℃时，在高温热激活作用下，超级铁素体不锈钢中位错大量消失。加之高温下 C、N、Nb 元素扩散系数以及溶解度显著提高，此时并不能形成 Laves 相。钢中仅观察到 Nb(C,N) 和 TiN 等颗粒。

5.5　回溶过程晶粒粗化动力学

　　本章研究旨在通过回溶处理，促使超级铁素体不锈钢中已析出的脆性相（包括 σ-相和 χ-相）完全溶解，进而恢复脆化材料的塑性和韧性。但在回溶处理过程中，高温加热可能导致晶粒粗化，进而恶化超级铁素体不锈钢的力学性能。此外，本书第 3 章研究指出，晶粒尺寸对超级铁素体不锈钢中 σ-相和 χ-相的析出有明显影响。因此，晶粒长大会对析出相的回溶行为产生影响，研究回溶过程中的晶粒粗化动力学是很有必要的。

　　分别统计了不同温度回溶处理后试样的平均晶粒尺寸，结果见图 5-14。当回溶处理时的加热温度小于 1050℃时，平均晶粒尺寸变化不大。当加热温度达到 1100℃时，超级铁素体不锈钢中出现了晶粒粗化现象。铁素体晶粒的生长动力学可以表示为：

$$G_t^n - G_0^n = Kt \tag{5-5}$$

式中　　G_0——初始晶粒尺寸；

　　　　G_t——某一时刻的晶粒尺寸；

　　　　n——晶粒生长指数；

　　　　K——与材料相关的常数。

式(5-5)中的 K 值可以用下式表示为：

$$K = K_0^{-\frac{Q}{RT}} \qquad\qquad (5\text{-}6)$$

式中　K_0——常数；

　　　R——普适气体常数；

　　　T——热力学温度；

　　　Q——晶粒生长激活能。

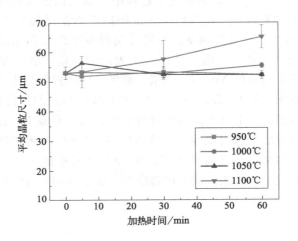

图 5-14　回溶处理试样的平均晶粒尺寸

　　利用列举法确定式(5-5)中的 n 值，具体步骤为：①列举不同的 n 值，拟合 $(G_t^n - G_0^n)$ 与 t 的线性关系；②计算每个 n 值对应拟合直线的拟合程度 (R^2)；③选择 R^2 最大（最接近1）的曲线的 n 值作为实际值。根据上述方法，选择 $n=$ 2、3、4、5，并绘制各自的 $(G_t^n - G_0^n)$-t 关系图，结果见图 5-15。由图 5-15 可知，随着 n 值增大，线性拟合程度变差（R^2 变小）。因此，可以确定 1100℃回溶处理过程中晶粒生长动力学方程中的 n 值为 2。计算的 n 值表明，回溶处理过程中，铁素体晶粒的长大机制为晶界迁移。一般认为，铁素体的晶粒长大尺寸与铁素体不锈钢的加热温度呈现较强的正相关。而在本研究中，超级铁素体不锈钢在 1100℃回溶处理时，铁素体晶粒生长动力学仍很缓慢。这主要是由铁素体基体中溶解的 Nb、Mo、Cr 原子对晶界产生的溶质拖曳效应引起的。需要指出的是，在 1050℃回溶处理过程中，超级铁素体不锈钢中晶粒并未发现粗化现象，这主要得益于亚微米级的 Laves 相对晶界的钉扎作用。

　　综上所述，可以认为，析出脆化超级铁素体不锈钢在回溶处理过程中，重新析出的亚微米级 Laves 相具有钉扎晶界、阻碍晶粒粗化的有利作用。在更高温度回溶处理时，Laves 相溶解产生的 Nb、Mo 原子具有溶质拖拽作用，进一步阻碍晶粒粗化。

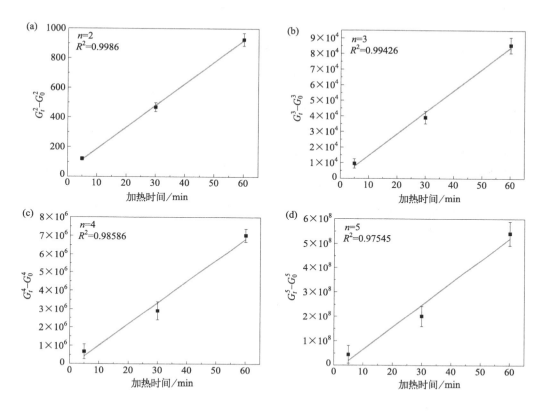

图 5-15　1100℃回溶处理试样中（$G_t^n - G_0^n$）与试样保温时间的线性拟合关系

(a) $n=2$；(b) $n=3$；(c) $n=4$；(d) $n=5$

5.6　回溶处理后的力学性能

图 5-16 为回溶处理后试样的力学性能。析出脆化处理前，样品的抗拉强度和屈服强度分别为（600±1）MPa 和（475±14）MPa，断后伸长率为（28.1±0.2）%。经过 800℃等温时效后，超级铁素体不锈钢的抗拉强度和断后伸长率急剧下降至（575±14）MPa 和（1.5±0.3）%，而屈服强度上升至（498±10）MPa。等温时效处理后，样品抗拉强度的降低是由于 σ-相、Laves 相和 χ-相的析出消耗了大量的 Cr 和 Mo 元素，进而严重削弱了 Cr、Mo 元素的固溶强化作用。由于 σ-相的硬脆特性以及 σ-相与铁素体相之间非共格界面的属性，晶界 σ-相和 χ-相析出导致样品的断后伸长率急剧下降，并引起了脆性断裂。

如图 5-16(a)所示，回溶处理后，样品的抗拉强度逐渐恢复，其值明显高于时效处理后的试样。随着保温温度的升高，材料的强度提高速度显著加快。而随着保温时间的增加，强度值呈现先升后降的趋势。在短时间保温过程中，少量的析出相溶解，固溶强化效果增加，材料的抗拉强度增加。当保温时间足够长时，几乎所有的析出相都被溶解。此时固溶强化作用达到了最佳效果，也进一步导致材料的抗拉强度达到最大值。随着保温时间的进一步延长，材料的强度开始下降。但回溶处理的温度不同，材料强度下降的机制并不相同。对于1050℃回溶处理的试样，保温时间超过5min后，其抗拉强度开始显著下降。这是因为重新形成的Laves相颗粒消耗了钢中大量的Nb和Mo元素，导致固溶强化效果减弱。而在950℃回溶处理过程中，材料中的析出相变化不大，其抗拉强度减少程度较弱。对于1100℃回溶处理的样品，钢中除了TiN和Nb(C,N)颗粒外，几乎所有的析出相都被重新溶解，其抗拉强度短时间内已恢复至等温时效处理前的水平。当保温时间继续延长时，由于晶粒粗化现象的出现，材料的强度开始轻微下降。

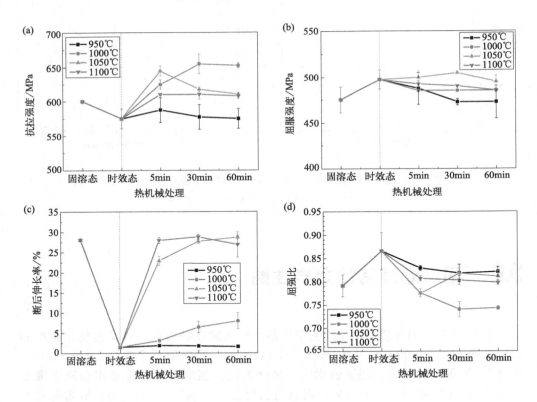

图 5-16 回溶处理试样的力学性能
(a) 抗拉强度；(b) 屈服强度；(c) 断后伸长率；(d) 屈强比

如图5-16(b)所示，随着再加热温度和保温时间的增加，屈服强度值在485~505MPa范围内略有下降。与抗拉强度的变化情况相似，这主要是由于固溶强化效应减弱造成的。然而，晶界处重新形成的纳米级 Laves 相，对超级铁素体不锈钢具有析出强化作用，这使得 1050℃ 保温 30～60min 后，材料的屈服强度略有增加。

如图 5-16(c) 所示，回溶处理对析出脆化超级铁素体不锈钢塑性的恢复是有效的。经 950℃、1000℃ 回溶处理后，钢中仍然存在较多的 σ-相和 χ-相，因此样品塑性增加并不明显。当析出相颗粒完全溶解时，断后伸长率的提高幅度很大。如在 1050～1100℃ 回溶处理后，样品的断后伸长为 27％～29％，达到了固溶处理样品的水平。当 1100℃ 回溶处理时间超过 30min 时，由于晶粒粗化，样品的断后伸长率略有下降。

图 5-16(d) 为回溶处理对材料屈强比的影响。等温时效处理前，试样的屈强比为 0.79±0.02，经过 800℃ 等温时效处理后，其值上升到 0.87±0.04。经过回溶处理后，材料的屈强比下降至 0.74～0.84。钢的屈强比取决于屈服强度和应变硬化率。回溶处理过程中，材料的平均晶粒尺寸变化很小，但析出相的含量和形态变化很大。经过 800℃ 等温时效后，样品中形成了大量的析出相。这些析出相消耗了钢中的 Cr、Mo 和 Nb 元素，引起固溶强化的损失，并导致了较小的抗拉强度和应变硬化率，产生了较高的屈强比。回溶处理后，钢中 Cr、Mo 和 Nb 原子的固溶强化效应恢复，其抗拉强度和应变硬化率均显著增加，从而使屈强比急剧下降。需要指出的是，经过 1050℃ 回溶处理 30～60min 后，样品出现大的屈强比。在此期间，Laves 相颗粒在晶界重新形成。Laves 相的析出强化提高了屈服强度，而基体中固溶 Nb 原子量的减少降低了材料的应变硬化率，最终导致材料形成大的屈强比。

5.7　析出脆化超级铁素体不锈钢的回溶增韧机制

使用 SEM 进一步分析了样品的断口形貌，结果见图 5-17。计算了拉伸试样断口中解理台阶的面积分数，结果见图 5-18。经过 950℃ 和 1000℃ 回溶处理后，样品的断口形貌主要由解理台阶和河流花样组成[图 5-17(a) 和图 5-17(b)，图 5-18]。由于几乎所有的晶界都被 σ-相和 χ-相覆盖，样品表现为典型的沿晶断裂模式。在 1050℃ 回溶处理 5min 后，晶界上大量的 σ-相和 χ-相溶解，材料的塑性有了很大提高，断口形貌由少量的解理台阶和大量的韧窝组成。此时，断裂方式由脆性断裂转变为全韧性断裂。1100℃ 再加热后，脆性析出相全部溶解，此时材料的断后伸长率恢复至 27％～29％，并形成了以韧窝为特征的韧性断口形貌。需要注意的是，1100℃ 回溶处理时的保温时间对材料的塑性和断裂形态都有影响。较长的保温时间导致较大的晶粒尺寸，并进一步导致断后伸长率减小，且使断面中出现较大的孔洞。

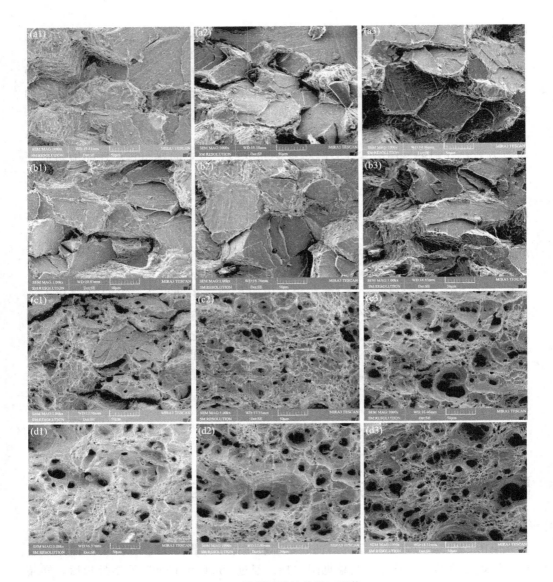

图 5-17　处理试样拉伸断口形貌

(a) 950℃；(b) 1000℃；(c) 1050℃；(d) 1100℃

其中 (1) 为 5min；(2) 为 30min；(3) 为 60min

　　Cottrell 模型描述了微观结构和力学性能之间的关系，可以用它来描述铁素体不锈钢中的韧脆转变现象[Cottrell 模型参见第 2 章式(2-1)]。式(2-1)左边的值越小，右边的值越大，材料越容易发生韧性断裂。本书第 3 章研究内容指出，长时间时效处理会引起晶粒尺寸增大、析出相含量增加，并使超级铁素体不锈钢中更容易出现韧脆转变现象。

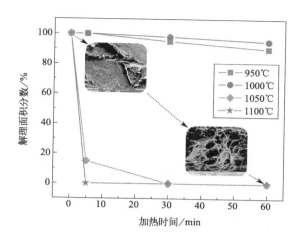

图 5-18　回溶处理试样的拉伸试样断口形貌和解理面积分数

回溶处理温度升高时，样品的 d（平均晶粒尺寸）值变化较小。晶界位置形成的 σ-相和 χ-相显著阻碍塑性变形过程中位错的迁移，导致 k_y 值增加；而 σ-相中存在的微裂纹会导致 γ 值降低，因此 σ-相含量的下降使 γ 值升高。当回溶处理温度升高时，σ-相和 χ-相数量减少，从而降低了 k_y 值，并提高了 γ 值。随着加热温度和保温时间的增加，样品的 σ_y 值逐渐减小。综上结果，脆性断裂转变为韧性断裂。

5.8　析出脆化超级铁素体不锈钢回溶增韧技术

超级铁素体不锈钢在加热后的冷却过程中，易形成 σ-相、χ-相、Laves 相等脆性中间相，这些中间相显著影响材料的表面质量、冲击韧性、成型性能及耐腐蚀性能。脆化后的超级铁素体不锈钢不能满足生产与使用要求，一般将其作为废料回炉处理。然而，回炉处理成本高、周期长，还将导致钢污染等问题。将析出脆化超级铁素体不锈钢经 950℃～1100℃ 重新加热，适当保温后快速冷却至室温，可以完全溶解脆性析出相，并获得塑性优异的再生超级铁素体不锈钢。采用回溶增韧技术可以高效、经济地恢复脆化超级铁素体不锈钢的性能，实现脆化材料的再利用。

第**6**章

超级铁素体不锈钢
再结晶组织与性能控制

超级铁素体不锈钢热轧退火板一般需要经过冷轧、退火工序制备薄规格产品。超级铁素体不锈钢冷轧变形量较大，在退火过程中将发生回复及再结晶过程，并形成特定的织构。由于超级铁素体不锈钢中 Cr、Mo 元素含量高，退火过程中可能出现中间相析出。由第 4 章研究可知，轧制变形组织加速中间相析出动力学并改变中间相析出行为，而中间相的析出又会影响变形组织的回复及再结晶行为，并最终影响材料的力学性能。轧制变形、析出及再结晶之间的相互作用进一步增加了冷轧退火薄板组织及性能的调控难度。因此，需要系统研究冷轧变形组织在退火过程中的组织演变、析出规律及其对力学性能的影响机制等。

6.1 冷轧组织及力学性能

6.1.1 冷轧变形组织的不均匀性

图 6-1 为固溶板分别经过 0%、60%、70%、80%压下率冷轧后试样的金相组织。冷轧变形后原等轴状晶粒沿轧制方向（RD）伸长，晶界趋于平直。但晶粒间变形不均匀，一些晶粒沿轧向伸长程度大，在其内部形成了大量的剪切带，剪切带与轧向偏转约 35°。这些晶粒在金相照片上观察比较粗糙（金相腐蚀程度较强）；一些晶粒沿轧向伸长程度小，晶粒内部变形带较少，金相观察比较光滑（金相腐蚀程度较弱）。随着冷轧压下率增大，晶粒沿轧向伸长程度增大，沿法线方向（ND）的晶粒厚度逐渐减小，且晶内剪切带数量逐渐增多。其中，60%压下率变形后沿板

面法线方向的晶粒厚度约为 $25\sim35\mu m$；70％压下率冷轧后沿法线方向的晶粒厚度减小至约 $15\sim20\mu m$；80％压下率冷轧后进一步减小至 $10\mu m$。此时，在金相照片上已经很难分辨晶内变形结构。

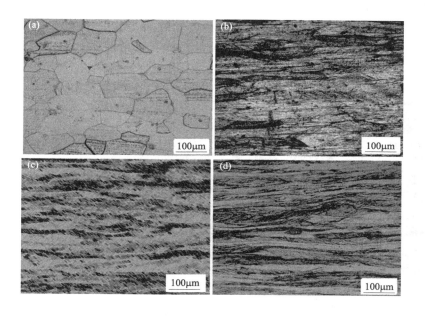

图 6-1　不同压下率冷轧板的金相组织
(a) 0％；(b) 60％；(c) 70％；(d) 80％

图 6-2 为 80％压下率冷轧试样 EBSD 组织与织构。由图 6-2(a)IPF 图可知 [本章中所有 IPF 图取向三角关系与图 6-2(a)一致，在后续图中不再标注]，冷轧变形后晶粒一方面沿轧向（RD）伸长，但同时也观察到晶粒内部与晶粒间的不均匀变形现象。一部分晶粒沿轧向伸长剧烈，沿法向厚度较小，如图 6-2(a)中 A 区域所示；一部分晶粒沿轧向伸长较小，沿法向厚度较大，如图 6-2(a)中 B 区域所示。另外一部分晶粒存在于剪切带，但剪切带之间区域变形较均匀，如图 6-2(a)中 C 区域所示。此外，由于冷轧变形量较大，剪切带等大变形区域 EBSD 识别率较低 [图 6-2(a)中黑色区域]。由图 6-2(b)$\varphi_2=45°$ODF 图可知，冷轧后冷轧板中形成了典型的 α-纤维织构（<110>//RD）、γ-纤维织构（<111>//ND）及 θ-纤维织构（<100>//ND）。其中，α-纤维织构主要集中在{001}<110>～{111}<110>组分，而 γ-纤维织构主要集中在{111}<110>组分。冷轧后织构强度峰值位于{112}<110>组分，这与普通铁素体钢冷轧变形织构一致。结合 IPF 及 ODF 图可知，区域 B 与区域 A 属于<110>//RD 与<100>//ND 取向，晶内变形比较均匀；而区域 C 属于<111>//ND 取向，晶内变形不均匀，且晶粒内部出现剪切带；一部分剪切带之间区域取向分布均匀（IPF 颜色一致），而另一部分剪切带间区域取向

分布不均匀（IPF 颜色不一致）。IPF 图中出现的取向分布差异（颜色变化）主要是由冷轧过程中变形不均匀引起的。此外，在 TiN 颗粒周围观察到大变形区域，结果见图 6-3。TiN 颗粒周围试样变形量较大，且晶粒内部取向差角变化较大，而远离 TiN 颗粒区域变形比较均匀，取向也比较一致，这主要由 TiN 颗粒与铁素体基体变形抗力差异引起的局部应力集中导致的。由于 TiN 颗粒周围区域变形程度大，位错密度高，因此在 EBSD 测试中的花样衬度质量图中衬度较大[图 6-3(b)]。

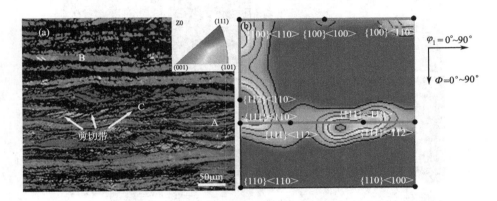

图 6-2　80% 压下率冷轧试样 EBSD 组织与织构

(a) IPF-Z；(b) $\varphi_2 = 45°$ODF

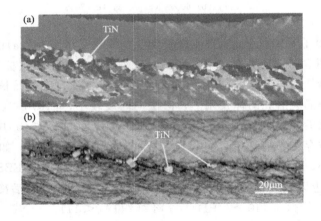

图 6-3　80% 压下率冷轧试样中 TiN 颗粒周围变形组织

(a) IPF；(b) 花样衬度质量

图 6-4 比较了 80% 与 70% 压下率冷轧变形试样的 EBSD 组织特征。冷轧后试样中形成了大量的小角度晶界（LAGB，<15°）。其中，70% 压下率冷轧试样中 LAGB 含量（面积分数）约为 86.2%，80% 压下率冷轧试样 LAGB 含量（面积分

数）约为 91.9%，而试样中大角度晶界（HAGB，＞15°）主要为冷轧变形前原始晶界。经 80% 压下率冷轧变形后，晶内变形程度较大，内部形成了大量的取向差角为 5°～15° 的变形带，且变形带比较致密，其含量（面积分数）约为 21.8%，而70% 压下率冷轧试样中取向差角为 5°～15° 的变形带较少，其含量（面积分数）约为 14.3%。这表明随着冷轧压下率增大，晶内变形带数量增多，LAGB 含量增大。变形组织内 LAGB 含量的大小可以反映试样变形过程的剧烈程度，但并不能反映变形的不均匀性。

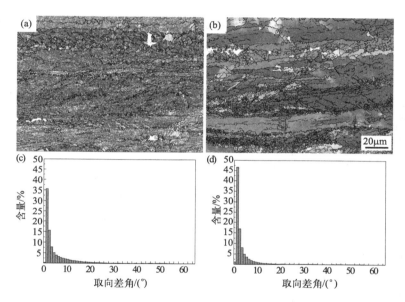

图 6-4 80% 和 70% 压下率冷轧试样 EBSD 组织对比 [（a）与（b）中白色区域为 TiN 颗粒]
（a），（c）80% 压下率；（b），（d）70% 压下率

基于 EBSD 采集数据分别计算了 70%、80% 压下率冷轧变形试样的核平均取向错位（kernel average misorientation，KAM）和晶粒取向分布（grain orientation spread，GOS）值，GOS 值计算公式为：

$$GOS(晶粒_G) = (1/N_G) \sum_{k=1}^{N_G} \omega(g_i, \overline{g_G}) \tag{6-1}$$

式中 N_G——晶粒 G 内部 EBSD 测试数据点总数；

         $\overline{g_G}$——晶粒 G 的平均取向；

         g_i——晶粒 G 内部第 i 测试点的取向；

$\omega(g_i, \overline{g_G})$——$g_i$ 与 $\overline{g_G}$ 之间的取向差角。

冷轧后试样组织中的 KAM 和 GOS 值，见图 6-5 和图 6-6。由图 6-5 可知，80% 冷轧变形后试样变形量大，KAM 值均小于 5°，平均值约为 1.65°。大部分晶粒的 GOS 值小于 12°，平均值约为 4.2°。由图 6-6 可知，70% 冷轧变形后试样变形量较大，KAM 值均小于 5°，平均值约为 1.57°。大部分晶粒的 GOS 值小于 12°，平均值约为 4.3°。KAM 值表明试样中测试点与周围测试点的取向差角的差异，即反映变形程度的大小。KAM 值越大，则测试点变形程度越大。GOS 值表明晶粒内部取向差角与其内部平均值的差异，即反映了晶粒内部及晶粒间的均匀变形程度。GOS 值越大，则晶粒内部不均匀变形程度越大。比较图 6-5 和图 6-6 计算结果可知，80％冷轧变形试样平均 KAM 值大于 70％轧制试样，而 GOS 值小于 70％冷轧试样。这也表明，80％轧制后组织变形程度较 70％大，但均匀变形程度较 70％好。这主要是由于变形量较小时，塑性变形过程中主要以软取向晶粒变形为主，而硬取向晶粒承受变形量较小，因此不均匀变形程度较大。随着冷轧压下率增大，晶界转动，硬取向晶粒也发生变形，不均匀变形程度减小。因此，可以采用 KAM 与 GOS 反映材料变形的均匀性。

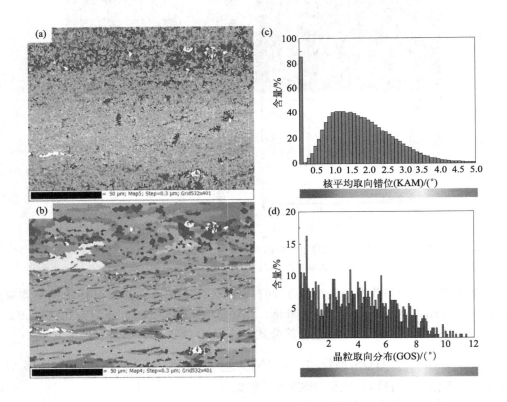

图 6-5 80％冷轧试样 KAM 与 GOS 值分布图［(a)与(b)中白色区域为 TiN 颗粒］

6.1.2 冷轧试样力学性能及变形储能

图 6-7 为经不同压下率冷轧后试样的工程应力-工程应变曲线。固溶试样经冷轧变形后，其强度较高，塑性较差。试样的断后伸长率均小于 1％，而抗拉强度均

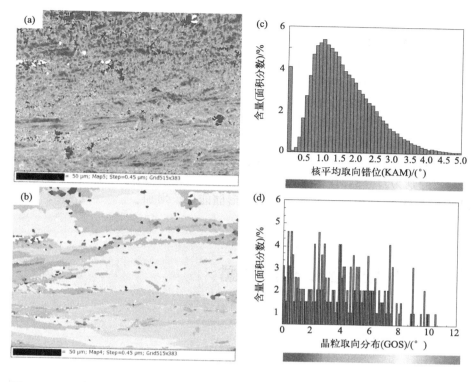

图 6-6　70%冷轧试样 KAM 与 GOS 值分布图［（a）与（b）中白色区域为 TiN 颗粒］

高于 960 MPa。随着冷轧压下率增大，试样强度升高，塑性下降。60%～80%冷轧后试样硬度（HV）较高，分别为 329.0±10.5、347.1±18.1、352.4±27.0。随

着压下率增大，其显微硬度逐渐增大。这主要是由于冷轧后试样内部形成了大量位错，加工硬化使得材料的强度升高、塑性下降。

冷轧变形后，不仅材料的微观组织形态发生了变化，同时也伴随着材料变形储能（E_D）的增加。材料变形储能（E_D）可以通过材料中的所有位错密度 ρ 及位错线能量 E（为 2.45×10^{-10} J/m^2）计算。根据泰勒模型可知，位错密度与材料的屈服强度（σ）相关，而 $\sigma\approx H/3.67$（式中 H 为硬度值）。因此变形储能可以通过显微硬度近似计算，如下式所示：

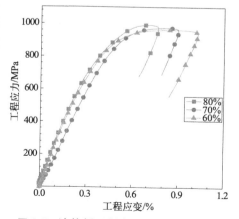

图 6-7　冷轧板工程应力-工程应变曲线

$$E_{D}=\rho E=\frac{1}{9}\left(\frac{H_{T}-H_{0}}{M\alpha Gb}\right)^{2}\times\frac{Gb^{2}}{2}=\frac{1}{18G}\left(\frac{H_{T}-H_{0}}{M\alpha}\right)^{2} \qquad (6\text{-}2)$$

式中　G——剪切模量，约为 80GPa；

　　　b——伯格斯矢量（简称伯氏矢量），约为 0.25nm；

　　　M——泰勒因子，约为 3.0；

　　　α——常数，约为 0.3；

　　　H_{T}——变形材料的硬度；

　　　H_{0}——再结晶材料的硬度。

　　将材料测试的硬度代入公式，可计算出 60%～80% 冷轧变形后试样的变形储能（E_{D}）分别为：0.84MJ/m³、1.17MJ/m³、1.28MJ/m³。可见，随着冷轧变形程度增大，位错密度明显升高，材料的变形储能显著增加。

6.2　冷轧组织回复及再结晶

6.2.1　再结晶动力学

　　图 6-8 为 80% 压下率冷轧试样在不同温度退火过程中的再结晶动力学。80% 压下率冷轧试样在 600℃ 退火 48h 后，变形组织的再结晶比例仍很低，其值均小于 1%。因此，认为低温退火后，试样仅发生了回复过程。随着退火温度的升高，变形组织的再结晶比例逐渐增大。当退火温度为 950℃ 时，再结晶比例显著提高。随着退火时间的延长，变形组织的再结晶比例先升高后下降，但再结晶比例均低于 90%，这可能与析出相相关。当退火温度超过 1000℃ 时，变形组织的再结晶比例均高于 90%。退火时间超过 2h 后，变形组织再结晶比例为 97.1%；而保温 4h 后为 96.1%。此时可以认为冷轧试样中的变形组织已基本完成再结晶过程（>95% 可认为完成再结晶）。当退火温度超过 1050℃ 时，退火仅 2min 后，试样就完成了再结晶过程。综上所述，随着退火温度的升高，冷轧变形组织的再结晶动力学显著加快，但 950℃ 时出现下降的现象，这可能与 σ-相析出相关，这将在 6.5 节详细分析讨论。

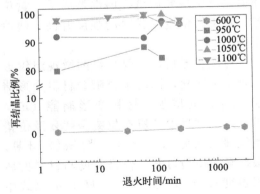

图 6-8　80% 压下率冷轧试样的再结晶动力学

6.2.2　低温回复组织演变

　　图 6-9 为 80％压下率冷轧试样经 600℃退火 0.5～48h 后的 IPF 图。80％冷轧组织经过低温退火后，试样主要以静态回复为主。铁素体变形晶粒仍保持沿轧向伸长状态，但在晶粒内部形成了大量的小角度晶界（LAGB，＜15°），且不同晶粒间亚晶界含量差别较大。其中，＜111＞//ND 取向晶粒内部含有的小角度晶界较多，而＜001＞//ND 与＜110＞//RD 取向晶粒内的含量较少，这主要是由冷轧变形过程中晶粒间不均匀变形引起的。分别统计了回复试样中

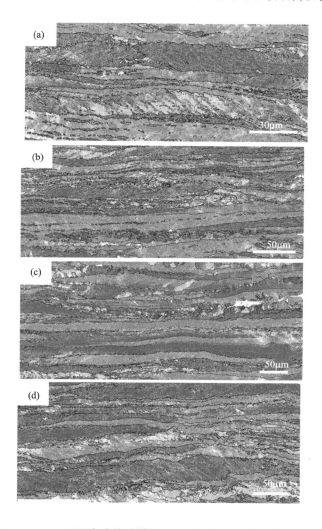

图 6-9　80% 压下率冷轧试样经 600℃退火不同时间后的 IPF 图
（a）0.5h；（b）4h；（c）24h；（d）48h

晶粒取向差角的分布，结果见图 6-10。回复试样中主要以 LAGB 为主。退火0.5~48h 后，经统计计算，试样中的 LAGB 含量（取向差角小于 15°的含量的和）分别约为 90.3%、86.2%、88.2%、87.6%。此外，在退火试样中还观察到大量的亚晶（亚晶界的取向差角为 5°~15°），并且随着退火时间的延长，亚晶粒逐渐长大。例如，600℃ 退火 30min 后，试样中的亚晶粒尺寸约为 1~3μm；而退火 4h 后，亚晶粒尺寸长大至 10μm。分别计算了试样中亚晶界的含量，分别为 14.4%、13.2%、13.1%、12.6%。由计算数值可知，随着退火时间的延长，试样中亚晶界含量逐渐减少。由于回复过程中主要表现为空位消失、位错滑移、位错攀移及亚晶长大，因此随着退火时间的延长，试样形成位错墙，并发生多边化，亚晶界逐渐减小。此外，在 48h 退火试样中还观察到极少量的再结晶晶粒（晶核）。

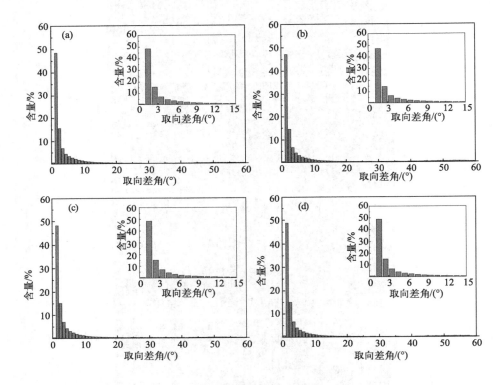

图 6-10 80% 压下率冷轧试样经 600℃ 退火不同时间后的取向差角分布
(a) 0.5h；(b) 4h；(c) 24h；(d) 48h

图 6-11 为 80% 压下率冷轧试样经 600℃ 退火不同时间后的 ODF 图。与冷轧织构相比，试样回复后，其织构类型未发生明显变化，仍主要由 θ-纤维织构、α-纤维织构及 γ-纤维织构组成。但随着退火时间的延长，织构强度峰值由 {001}<110>组分转向 {111}<112>组分。

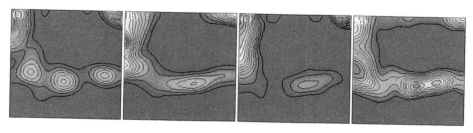

图 6-11　80% 压下率冷轧试样经 600℃退火试样 $\varphi_2 =$ 45° ODF 图

(a) 0.5h；(b) 4h；(c) 24h；(d) 48h

图 6-12 为 70％压下率冷轧试样经 600℃退火 4～48h 后的 IPF 图。70％压下率冷轧试样在 600℃退火后，试样同样以静态回复为主。试样中晶粒仍保持沿轧向伸长状态，且晶粒内部形成了大量的 LAGB。70％压下率冷轧试样回复后的晶界取向差角分布见图 6-13。退火 4h、24h、48h 后，试样中 LAGB 含量分别为 89.8％、91.0％、89.8％。回复后试样中也形成了大量的亚晶界，含量约为 11.1％～13.2％，略低于 80％压下率冷轧试样的回复组织。70％压下率冷轧试样经 600℃退火后的 ODF 图见图 6-14。70％压下率冷轧回复试样主要由 θ-纤维织构、α-纤维织构及 γ-纤维织构组成。但与 80％压下率冷轧回复组织相比，其织构强度较小。由于冷轧变形量越大，变形织构强度越大，回复后强织构保留，因此 70％压下率冷轧回复组织的织构强度较弱。

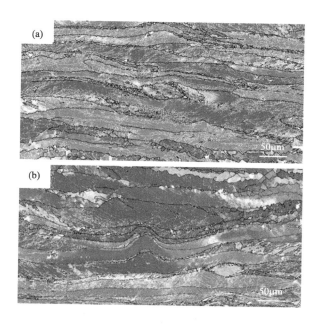

图 6-12

图 6-12 70% 压下率冷轧试样经 600℃退火不同时间后的 IPF 图

(a) 4h；(b) 24h；(c) 48h

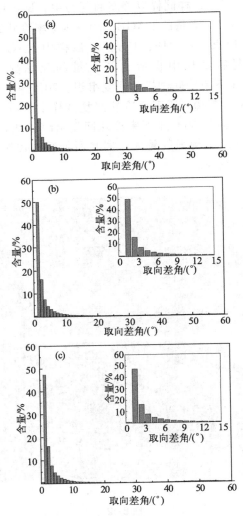

图 6-13 70% 压下率冷轧试样 600℃退火不同时间试样中取向差角分布

(a) 4h；(b) 24h；(c) 48h

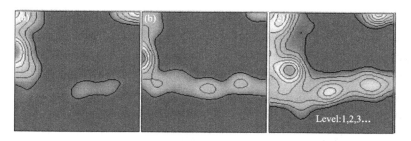

图 6-14　70% 压下率冷轧试样经 600℃退火试样 φ_2= 45° ODF 图

(a) 4h；(b) 24h；(c) 48

图 6-15 为 80％压下率冷轧板 600℃退火过程中典型 γ 取向晶粒的内部形貌。经 30min 退火后，在 γ 取向晶粒内部观察到大量的位错胞。此外，在剪切带附近观察到大量亚晶粒（取向差角＞5°），这些亚晶粒具有近 Goss（戈斯）织构取向和 γ 取向。一般认为胞状组织可以作为 Goss 织构取向与 γ 晶粒再结晶形核的质点。随着退火时间的延长，γ 取向晶粒内部分布在剪切带位置的位错胞/亚晶粒不断发展，形成了部分 HAGB（取向差角＞15°），也可以称为再结晶核心，见图 6-15(b)中椭圆区域。α 取向［除了 {111}＜110＞和＜100＞//ND 取向］晶粒仍保留回复

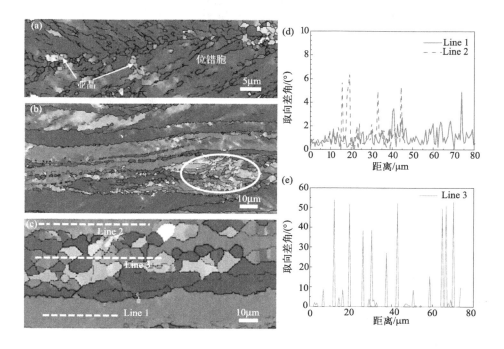

图 6-15　80% 压下率冷轧板 600℃退火过程典型位置 IPF 图及取向差角分布

(a) 30min；(b) 24h；(c) 48h；(d)、(e) 取向差角分布

状态，晶粒内部取向分布比较均匀。对回复晶粒内部进行了点到点取向差角线扫描，结果如图 6-15(d) 所示，"Line 1"与"Line 2"中大部分点的取向差角小于 2°，少量点的取向差角介于 2°～7°之间。此外，在 48h 退火试样中的 γ 取向晶粒内部，还观察到"晶粒簇"区域。这些"微晶粒"大部分尺寸约为 3～5μm，取向差角大于 15°，为典型的大角度晶界，并且这些微晶粒内部取向差角小于 5°。因此，可以认为这些"晶粒簇"是再结晶形核的核心，其可能由剪切带附近的亚晶粒发展而来。

80％压下率冷轧板经 650℃退火 8h 后的组织见图 6-16。很明显，80％压下率冷轧试样在 650℃退火仅 8h 后，试样内就形成了回复组织，并在变形组织内观察到大量"晶粒簇"。这些"晶粒簇"可以作为再结晶核心[如图 6-16(a) 所示]。这也表明，随着退火温度升高，变形组织回复动力学加快。

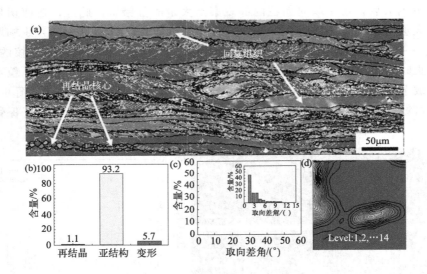

图 6-16 80％ 压下率冷轧板经 650℃退火 8h 后的组织
(a) IPF；(b) 再结晶比例；(c) 取向差角分布；(d) $\varphi_2 = 45°$ODF

6.2.3 中高温再结晶组织演变

图 6-17 为 80％压下率冷轧板在高温退火过程中的组织演变。950℃ 退火 1h 后，试样主要由再结晶晶粒和回复晶粒组成。但试样中仅有小部分变形组织开始再结晶，再结晶分数约为 22.3％，其余大部分晶粒仍为沿轧向伸长状态，为典型的回复组织。试样中 LAGB 含量约为 23.9％，如图 6-18(a) 所示。经过 1000℃×1h 退火后，变形组织的再结晶比例明显提高，其值约为 91.3％。此时，试样中的 LAGB 含量降至 17.4％，见图 6-18(b)。但在退火组织中，仍观察到大量沿轧向伸长的回复晶粒，同时其再结晶晶粒尺寸也较小。当退火温度继续升高至 1050℃ 以上时，试样全部完成再结晶，形成了等轴再结晶晶粒，界面主要由 HAGB 组成，

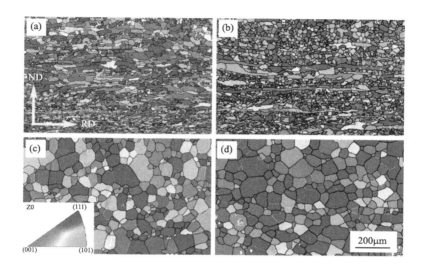

图 6-17　80% 压下率冷轧板在高温退火过程中的组织演变

（a）950℃；（b）1000℃；（c）1050℃；（d）1100℃

见图 6-18 中(c) 和 （d）。需要指出的是，经过 1050℃ 退火后，试样中的一部分晶粒已经开始长大；而在 1100℃ 退火后，再结晶晶粒已明显粗化。

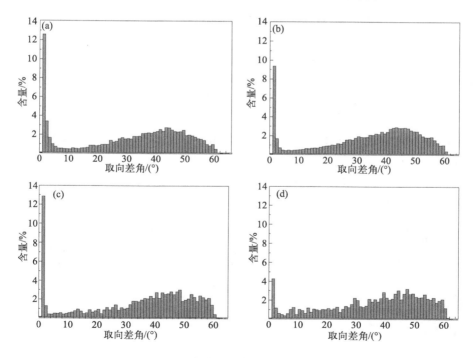

图 6-18　80% 压下率冷轧板高温退火后的取向差角分布

（a）950℃；（b）1000℃；（c）1050℃；（d）1100℃

采用 EBSD 分别计算了 80％压下率冷轧板不同温度退火后的平均晶粒尺寸，结果见图 6-19。当退火温度低于 1050℃时，平均晶粒尺寸较小。退火时间由 2min 延长至 4h 后，再结晶晶粒未明显长大，其平均晶粒尺寸约为 13～16μm。1050℃ 退火时，当保温时间延长至 4h 后，晶粒开始长大，其平均晶粒尺寸约为 26.4μm。1100℃退火后，试样平均晶粒尺寸均较大，且随着保温时间延长晶粒逐渐长大。退火 4h 后，试样的平均晶粒尺寸约为 59.2μm。一般认为随着退火时间延长，再结晶晶粒尺寸逐渐长大，而本章观察到晶粒尺寸仅在 1100℃退火时才逐渐长大，这可能与组织内中间相析出相关。

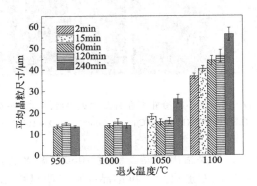

图 6-19 80％压下率冷轧试样高温退火后平均晶粒尺寸分布

图 6-20 为 80％压下率冷轧试样在高温退火过程中的微观织构演变。高温退火后试样主要由 θ-纤维织构、α-纤维织构、γ-纤维织构组成，同时试样中还出现了较弱的 {110}＜001＞织构。随着退火温度的升高，α-纤维织构逐渐减弱，而 γ-纤维织构逐渐增强。其中，γ-纤维织构组分分布比较均匀（{111}＜110＞～{111}＜112＞）。当退火温度高于 1050℃时，试样中的 α-纤维织构几乎消失，仅存在 γ-纤维织构，且织构强度峰值主要集中在 {111}＜112＞附近。与冷轧及回复织构相比，再结晶后织构强度较弱。对于铁素体不锈钢而言，强 γ-纤维织构有利于改善材料塑性成型。因此，高温退火可以获得有利的织构。

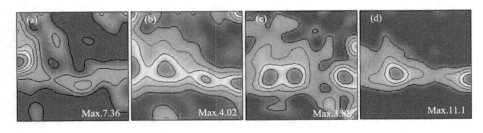

图 6-20 80％压下率冷轧试样高温退火后 φ_2= 45° ODF 图
(a) 950℃；(b) 1000℃；(c) 1050℃；(d) 1100℃

6.3　冷轧板退火过程中析出相演变

6.3.1　中低温退火过程中组织演变

图 6-21 为 80％压下率冷轧板经 650℃退火后的析出相形貌。退火 5min 后，试样组织变化不大，除 TiN 与 Nb(C,N) 颗粒外，未观察到其他类型析出相。退火 30min 后，晶界位置出现了亮白色析出相。退火 2h 后，试样中的纳米级析出相增多，尺寸约为 100～300nm。试样中的纳米级析出相可以分为两类：一类析出相沿晶界与剪切带析出 [图 6-21(d)]；另一类析出相沿位错与亚晶界析出 [图 6-21(e)]。TEM-

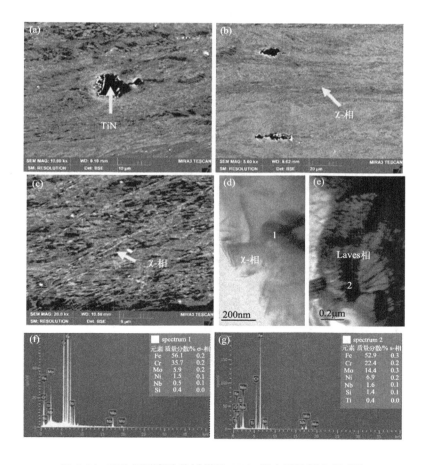

图 6-21　80% 压下率冷轧试样经 650℃退火后的析出相形貌

（a）5min；（b）30min；（c）2h；（d）、（e）图 (b) 的 TEM 形貌；（f）、（g）χ-相和 Laves 相的 EDS 分析

EDS 分析表明［图 6-21(d)～(g)］，沿剪切带分布的析出相为 Fe-Cr-Mo 型 χ-相，而沿位错与亚结构分布的中间相为 Fe-Cr-Mo-Nb 型 Laves 相。此外，TEM 图像中可以清晰地观察到，试样中含有大量的位错与亚结构，为典型的回复组织，与 EBSD 分析结果一致。

图 6-22 为 80％压下率冷轧板经 700℃退火后的析出相形貌。700℃退火仅 5min 后，就在晶界和剪切带位置形成了大量的 χ-相与及 Laves 相。随着退火时间的延长，χ-相和 Laves 相逐渐增多。当退火时间为 2h 时，试样中观察到块状 σ-相，且 σ-相主要围绕 χ-相在晶界、剪切带及 TiN 颗粒周围析出。此时，σ-相尺寸较小，块状 σ-相并未相互连接，其尺寸约为 2～3μm，含量约为 2.1％。当退火时间延长至 12h 后，σ-相几乎布满整个晶界和剪切带。此时，σ-相已呈连续分布，含量约为 26.8％。值得一提的是，部分晶粒内部并未观察到 σ-相，这可能与晶粒不均匀变形相关。由第 3 章等温时效研究结果可知，固溶态试样在 700℃时效 4h 后，试样中并未观察到 σ-相析出。因此，可以认为冷轧变形可加速 σ-相析出动力学，并降低 σ-相析出温度区间。

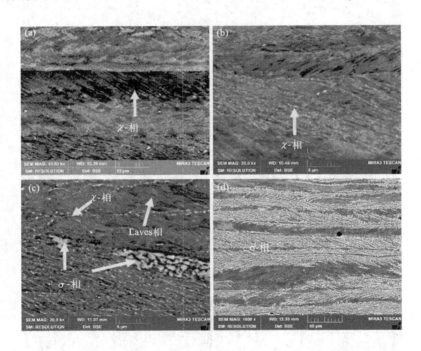

图 6-22　80％压下率冷轧试样经 700℃退火后的析出相形貌
(a) 5min；(b) 30min；(c) 2h；(d) 12h

图 6-23 为 80％压下率冷轧板经 750℃退火后的析出相形貌。750℃退火仅 5min，就在晶界与剪切带位置形成了大量的 χ-相及 Laves 相。与 700℃退火 5min 试样相比，χ-相与 Laves 相尺寸较大，约为 0.3～0.6μm。随着退火时间逐渐延长，χ-相与 Laves

相数量不断增多。当退火时间为 30min 时，试样中观察到少量块状 σ-相，含量约为 0.9%。当退火时间延长至 2h 后，钢中 σ-相的分布和形态发生了很大变化：一方面，σ-相沿晶界和剪切带继续生长，并形成网状分布；另一方面，σ-相开始由晶界处向晶粒内部生长。此外，在 TiN 颗粒周围也形成了大量 σ-相。此时钢中 σ-相的含量已达到 27.3%。当退火时间延长至 8h 后，σ-相几乎布满了所有的晶界和剪切带，其含量约为 31.6%。尽管如此，在一部分晶粒内部仍未观察到 σ-相。

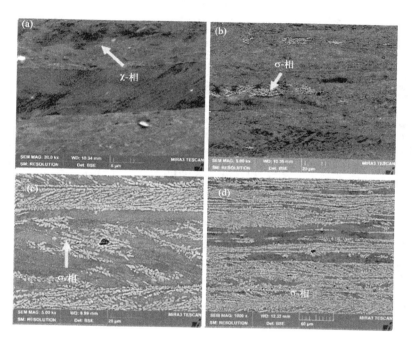

图 6-23　80% 压下率冷轧试样经 750℃退火后的析出相形貌
(a) 5min；(b) 30min；(c) 2h；(d) 8h

6.3.2　中高温退火过程中组织演变

图 6-24 为 80% 压下率冷轧试样在 800～900℃退火后的析出相形貌。800～900℃退火后，试样中同样形成了 σ-相、χ-相、Laves 等三种析出相。800℃ 和 850℃退火 5min 后，试样中明显观察到 σ-相。900℃退火 30min 后，试样中也观察到 σ-相开始析出。随着退火时间的延长，σ-相的数量显著增多，尺寸明显长大。在 800～850℃退火后，σ-相主要沿晶界和剪切带分布；而在 900℃退火过程中，由于部分变形晶粒已完成再结晶，这些晶粒内的剪切带与变形带消失，此时大部分 σ-相沿晶界分布，且 σ-相垂直于晶界方向的厚度较大，约为 5～10μm。此外，在大块状 σ-相内部观察到大量的微裂纹。800℃、850℃、900℃退火 1h 后，试样中的 σ-相含量分别为 37.3%、32.3%、22.9%。需要强调的是，900℃退火后，试样中观察

到大量的 Laves 相。这些 Laves 相颗粒主要沿晶界与亚晶界析出（特别是在未再结晶晶粒内部），这可能与未再结晶内部的高密度位错相关。

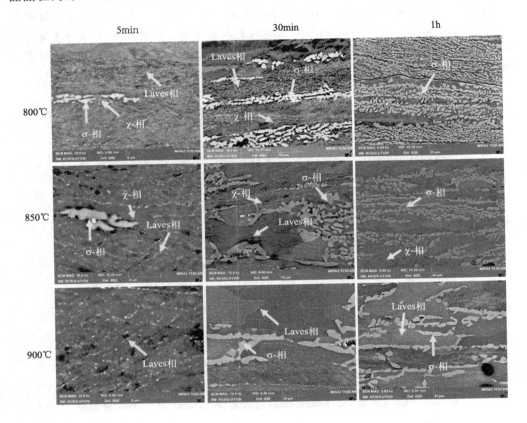

图 6-24 80% 压下率冷轧试样在 800～900℃退火后的析出相形貌

图 6-25 为 80% 压下率冷轧板经 950℃退火后的析出相形貌。退火 5min 后，试样中就已形成了大量 Laves 相，其尺寸约为 0.1～0.5μm，并呈短棒状。这些 Laves 相颗粒主要沿晶界与亚晶界分布，特别是在沿轧向伸长的晶粒内部的亚晶界位置。当退火时间超过 30min 后，试样中形成大量的 σ-相。随着退火时间的延长，σ-相尺寸增大，数量增多，但主要沿晶界析出。退火 4h 后，试样中的 σ-相含量约为 31.6%。

图 6-26 为 80% 压下率冷轧板经 1000℃退火后的析出相形貌。退火 5min 后，在晶界与亚晶界处观察到大量 Laves 相，特别是未再结晶晶粒内部亚晶界处 ［图 6-27(b)］。退火 30min 后，由于大部分晶粒已经完成再结晶，亚晶界含量较少，Laves 相主要沿晶界分布。经 1000℃退火 5min 试样的微观组织见图 6-27。退火时间延长至 2h 后，试样中观察到块状 σ-相。这些主要分布在三叉晶界处，其含量约为 3.6%。当退火时间为 4h 时，大部分晶界上均出现 σ-相，但 σ-相并未连接成为网状，其尺寸较大，约为 10～30μm，含量约为 25.6%。

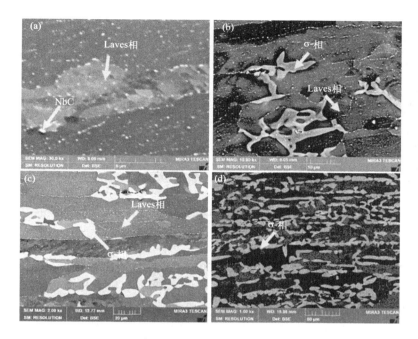

图 6-25　80% 压下率冷轧试样经 950℃退火后试样中析出相形貌

（a）5min；（b）30min；（c）2h；（d）4h

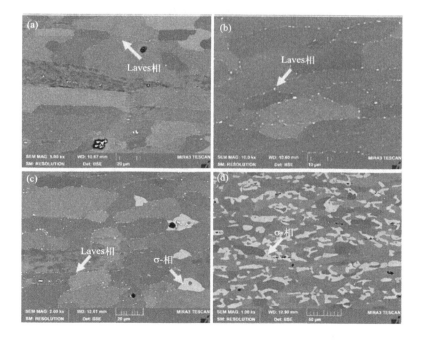

图 6-26　80% 压下率冷轧试样经 1000℃退火后的析出相形貌

（a）5min；（b）30min；（c）2h；（d）4h

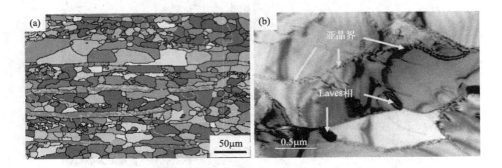

图 6-27 1000℃退火 5min 试样中未再结晶区域形貌以及其中的析出相分布
(a) EBSD；(b) TEM

图 6-28 为 80％压下率冷轧试样经 1050℃退火后的析出相形貌。退火 5min 后，沿晶界处形成较多的 Laves 相，尺寸约为 0.2～0.5μm。随着退火时间延长，Laves 相的数量逐渐减少。退火 4h 后，试样中主要含有 NbC、Nb(C,N) 和 TiN 颗粒。1100℃以上温度退火后，试样中除了 TiN 及 Nb(C,N) 颗粒外，并未观察到其他类型析出相。

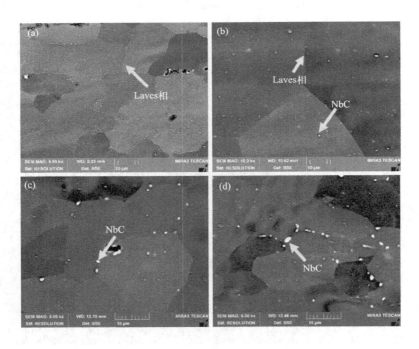

图 6-28 80％ 压下率冷轧试样经 1050℃退火后的析出相形貌
(a) 5min；(b) 30min；(c) 2h；(d) 4h

6.3.3　冷轧板退火后的力学性能

图 6-29 为 80% 压下率冷轧板退火后的力学性能。其中，图 6-29(a) 为高温退火 1h 后典型试样的工程应力-工程应变曲线。经 950℃ 退火后，试样的抗拉强度和屈服强度均较高，分别为 679MPa 和 635MPa，但其断后伸长率仅为 3.1%。随着退火温度的不断升高，材料的强度逐渐降低，断后伸长率逐渐升高。当退火温度为 1000～1150℃ 时，试样性能变化不大，其抗拉强度为 570～580MPa，屈服强度约为 485～495MPa，断后伸长率约为 20%。需要特别强调的是，在 1000℃ 退火后，试样的拉伸曲线中出现了屈服平台（Lüders 变形），其上屈服点约为 492.6MPa，对应的伸长率约为 0.35%；下屈服点强度约为 489.7MPa，对应的伸长率约为 0.69%。屈服平台对应的总伸长率约为 0.35%～0.95%。当退火温度超过 1050℃ 时，屈服平台逐渐消失。

图 6-29(b) 为中高温退火后样品的维氏硬度。800℃ 退火后，试样的硬度最高。随着退火时间增加，硬度显著增加，2h 退火后，其硬度（HV0.1）为（612.3±33.1）。750℃ 退火 2h 后，试样的硬度（HV0.1）为（501.2±40.2）。此外，在 650～850℃ 范围退火后，试样的硬度均较高。而其他温度退火后，试样硬度（HV0.1）均小于 300。有趣的是，硬度的变化规律与超级铁素体不锈钢中 σ-相的析出曲线极其相似，这也表明 σ-相析出是影响退火试样硬度的主要因素。当然，在低温退火过程中，试样中残留的加工硬化也会引起材料硬度的升高。

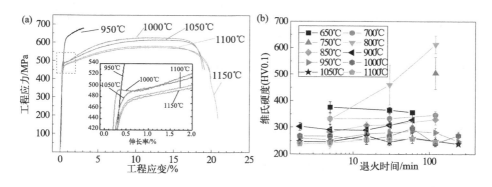

图 6-29　80% 压下率冷轧板在不同温度退火后的力学性能
（a）工程应力-工程应变曲线；（b）维氏硬度

6.4　变形及退火过程微观织构演变机理

铁素体钢在轧制变形及其随后退火过程中，经常出现晶粒择优取向现象，并形成强烈的织构。铁素体型钢中织构的出现，将显著影响材料的成型性能和磁性性能。因此，优化组织织构是超级铁素体不锈钢制备过程中重要的控制目标。由 6.1 节可知，超级铁素体不锈钢冷轧过程中，不同取向晶粒之间的变形程度并不均匀，而变形的取向相关性可用泰勒因子（M）表达：

$$M = \frac{\sigma_{ij}}{\tau_c} = \frac{\sum \delta_{\gamma k}}{\delta_{\varepsilon ij}} \tag{6-3}$$

式中 $\delta_{\varepsilon ij}$ ——应力 σ_{ij} 作用下产生的应变增量；

  τ_c ——临界分切应力；

  $\sum \delta_{\gamma k}$ ——给定滑移系条件下协调 $\delta_{\varepsilon ij}$ 应变中的剪应变总量。

Sun 等计算了 $\varphi_2 = 45°$ ODF 上的 M 值，结果见图 6-30。观察可知，不同的晶粒取向具有不同的 M 值。其中，<100>//ND 取向具有较小的 M 值，约为 2.45；而 γ 取向晶粒具有较大的 M 值。其中，{111}<112>取向的 M 值约为 3.67，而（111）<110>取向的 M 值约为 4.08。α 取向晶粒的 M 值变化范围较大，织构组分由 {100}<110>转到 {111}<110>时，其 M 值由 2.45 增加到 4.08。根据式（6-3）可知，当晶粒的 M 值越小时，在给定应变增量（$\delta_{\varepsilon ij}$）的条件下，协调变形的剪应变总量（$\sum \delta_{\gamma k}$）也越小。Samajdar 和 Every 等在 IF 钢中发现，晶粒的变形储能（V）与其晶粒

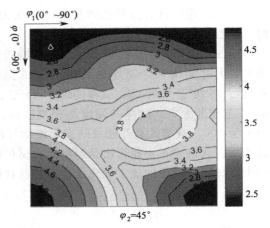

图 6-30 $\varphi_2 = 45°$ ODF 典型取向的 M 值
（基于 {110}< 111> 滑移系）

取向相关，即 $V_{110} > V_{111} > V_{211} > V_{100}$（//ND）。此外，在低碳钢中同样发现 M 值高的晶粒内部（如 γ 取向和 {110}<110>取向）在变形后容易产生剪切带。

Inagaki 研究了冷轧形变过程中的晶粒转动规律，认为 {100}<011>、{111}<110>、{111}<112>为稳定变形取向，且稳定性高。Goss 织构取向和立方取向则分别沿 γ 和 α 取向转向稳定取向，最终稳定取向均为 {223} <110>。这两种取向晶粒的转动路径为：

① {001}<100>→{001}<110>→{112}<110>→{223}<110>；

② {110}<001>→{554}<225>→{111}<112>→{111}<110>→{223}<110>。

本章研究中，超级铁素体不锈钢冷轧变形后，形成了典型的 α 及 γ 取向。其中，α 取向集中在 {112}<110>与 {223}<110>之间；γ 取向集中在 {111}<110>附近（参见图 6-2）。由于 α 取向（{100}<110>～{112}<110>）及<100>//ND 取向晶粒的 M 值较小，因此这些晶粒内部取向差较小，变形比较均匀；而 γ 取向晶粒 M 值

较大，因此这些晶粒变形程度大，且晶内变形不均匀，晶内容易出现剪切带，剪切带之间区域变形较小。

冷轧超级铁素体不锈钢在 600℃回复退火过程中，通过位错滑移、攀移、多边化等过程形成了回复组织。因此，变形过程形成的强 α-纤维织构与 γ-纤维织构类型基本不变。当退火时间延长至 48h 后，由于 γ 取向晶粒变形程度大，冷轧变形储能高，所以在晶内剪切带位置观察到了再结晶核心，主要为 {110}<001> 及 {111}<110> 取向。这些再结晶核心是由冷轧过程中剪切带附近形成的强 {110}<001> 及 <111>//ND 亚晶组织转变（发展）而来的。

冷轧板在 950~1000℃再结晶退火过程中，退火温度相对较低，由于<001>//ND 晶粒变形均匀，且变形程度较低，快速发生了回复过程，而<110>//ND 及 γ 取向晶粒则已开始再结晶(M 值高)，因此退火后形成了强的 γ-纤维织构与微 Goss 织构（{110}<001>）。由于<001>//ND 取向晶粒完成了回复过程，变形储能降低，所以这些晶粒仍保持伸长状态，为未再结晶区域。此外，Laves 相对 γ 取向晶粒中再结晶晶界的钉扎作用，阻碍了再结晶晶粒进一步向未再结晶晶粒中生长（Laves 相与再结晶将在 6.5.3 节中分析讨论）。

当退火温度为 1050~1100℃时，{111}<112>取向晶粒内部剪切带位置优先再结晶形核并快速长大（温度高，再结晶驱动力大），并逐渐吞并周围的 {112}<110> 及 {111}<110> 晶粒。根据再结晶取向长大理论，{111}<112> 与 {112}<110>取向之间具有 35°<110> 旋转关系，非常接近 27° <110> 旋转关系（$\Sigma 19a$ 界面）；而 {111}<110> 与 {111}<112>之间为 30°<111>旋转关系，与 27.8°<111>接近（$\Sigma 13b$ 界面）。$\Sigma 19a$ 与 $\Sigma 13b$ 界面具有较高的移动性，因此 {111}<112>形核晶粒可以通过吞并 {112}<110> 与 {111}<110> 晶粒快速长大。此外，由于 {110} <001>与 {111}<112>之间同样具有 35°<110> 旋转关系，在 1100℃退火后，Goss 织构取向转向 {111}<112>。因此，最终退火后形成了单一的强 {111}<112>织构（参见图 6-20）。此外，再结晶织构演变与 Laves 相析出钉扎及溶质选择性拖曳作用也存在相关性。

6.5 冷轧变形对析出行为的影响

6.5.1 变形加速 σ-相析出动力学机制

图 6-31 为 80%压下率冷轧试样经不同温度退火后的 σ-相析出动力学。800~850℃时，σ-相析出动力学最快，这与固溶试样时效析出结果一致（见第 3 章）。由于 800℃附近为 σ-相析出动力学"鼻尖"温度，基于 Johnson-Mehl 模型分别统计计算了固溶态、热轧态与冷轧态试样在 800℃退火过程中的析出动力学方程。三种

状态试样中 σ-相析出动力学的比较结果见图 6-32。可以看出，轧制变形显著加速 σ-相析出动力学，且冷轧变形较热轧变形效果更加显著（k 值越大，其析出动力学越快）。计算的 n 值约为 0.5～2.5，因此 σ-相析出为 Cr、Mo 扩散控制型析出，包括形核及长大过程（关于 σ-相析出控制机制，读者可以参见第 3 章内容，在此不再赘述）。

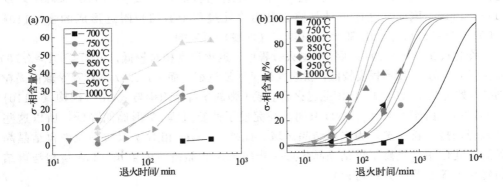

图 6-31　80% 压下率冷轧试样中 σ-相的析出含量（a）和析出动力学曲线（b）

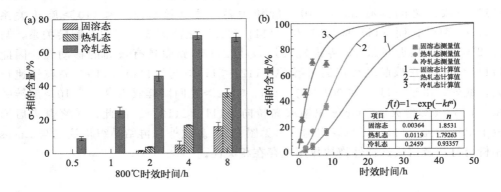

图 6-32　变形方式对 σ-相析出动力学的影响

（a）σ-相的析出含量　（b）σ-相的析出动力学曲线

比较固溶态、热轧态、冷轧态试样的形貌与 KAM 值，见图 6-33。热轧态试样的平均 KAM 值为 0.90°，冷轧态试样为 1.57°。进一步计算了晶界、亚晶界、TiN 颗粒周围的 KAM 值，分别为 1.0°～2.0°、2.5°～3.5°、3.5°～3.8°。KAM 值计算结果表明，冷轧组织较热轧组织变形程度大，且不均匀变形程度也较大，界面周围同样为变形程度较大的区域。

基于 KAM 值分别计算了变形试样中几何必须位错（geometrically necessary

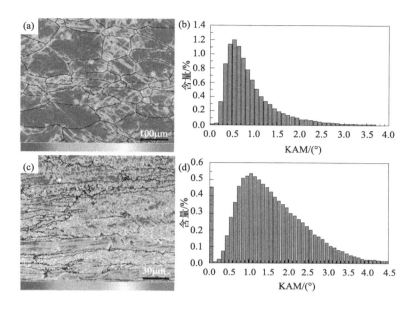

图 6-33　热轧和冷轧态试样的形貌和 KAM 值
（a），（b）热轧态；（c），（d）冷轧态

dislocations，GND）密度（ρ_{GND}），计算公式如下：

$$\rho_{GND} = \frac{3\vartheta}{\mu b} \tag{6-4}$$

式中　μ——EBSD 测试中的步长；

　　　b——材料的伯氏矢量；

　　　ϑ——计算的 KAM 值。

　　计算后发现，热轧态与冷轧态试样中 ρ_{GND} 分别为 $1.0 \times 10^{14}\,m^{-2}$、$3.1 \times 10^{14}\,m^{-2}$，这与通过硬度计算变形储能变化规律一致。结果表明，冷轧试样较热轧试样含有更高的位错密度。高密度位错在 800℃ 退火过程中通过回复形成了大量亚晶界，而高密度位错及大量亚晶界的存在为 Cr、Mo 元素的扩散提供了通道，加速了元素扩散。综合上述分析可知，由于冷轧变形组织中界面处 KAM 值更大，不均匀变形程度大，为 σ-相析出提供了大量的形核质点。此外，由于位错密度高、变形储能高，σ-相析出驱动力大；大量亚晶界的存在也为 Cr、Mo 元素扩散提供了快速通道，因此冷轧变形显著加速 σ-相析出动力学。由于 700～850℃ 退火后 σ-相含量较高，因此试样的硬度较高。此外，650℃ 退火后试样仅发生了部分回复，加工硬化的作用同样引起硬度升高。

6.5.2　σ-相析出弱化再结晶动力学

　　图 6-34 比较了冷轧变形对高温退火过程中 σ-相析出及再结晶动力学的影响，在

950～1000℃退火过程中，随着冷轧压下率增大，σ-相析出含量显著增大［图 6-34(a)］。随着温度升高，σ-相析出动力学逐渐减弱，而再结晶动力学逐渐加快［图 6-34(b)］。950℃退火时，随着退火时间延长，σ-相的含量逐渐增多，而再结晶比例却先增加后减小，这主要与σ-相大量析出相关。

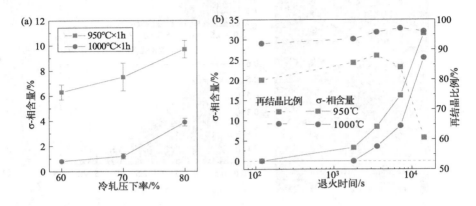

图 6-34 冷轧变形对 σ-相析出及再结晶动力学的影响

(a) σ-相析出含量；(b) 再结晶动力学

图 6-35(a) 为 950℃退火 4h 时 σ-相与铁素体基体形貌。结合 6.3 节组织分析可知，950℃ 短时间退火时，σ-相含量较少，铁素体变形组织开始再结晶。随着退火时间延长，再结晶含量增多，σ-相也随之增多，但 σ-相含量相对较少，约为 8.5%。当退火温度达到 4h 后，σ-相含量快速达到 31.6%，且 σ-相尺寸约为 20～40μm。由于 σ-相快速形核及长大挤压周围铁素体晶粒，在铁素体晶粒内部产生大量的 LAGB，如图 6-35(b) 所示。因此，铁素体重新转为变形态，再结晶比例反而下降。当退火温度继续升高时，由于再结晶速度加快，σ-相析出动力学减慢，在 σ-相显著长大前再结晶已基本完成，因此在 4h 退火范围内未出现再结晶比例下降的现象。

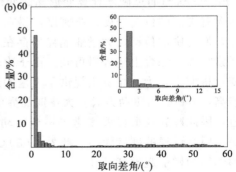

图 6-35 铁素体和 σ-相形貌与界面结构特征

(a) EBSD 形貌；(b) 铁素体中取向差角分布

6.5.3　变形诱导 Laves 相高温析出机制

本章研究发现，冷轧板在 1000~1050℃ 退火后，除了 TiN 与 Nb(C,N) 颗粒外，组织内部还观察到大量 Laves 相、Nb_2C 颗粒。而现有研究认为 Laves 相等温析出温度低于 700℃。因此，采用 TEM 进一步分析了 Laves 相析出行为。图 6-36 为 80% 压下率冷轧试样经 1000℃ 退火 1h 后析出相的分析结果。冷轧试样经过 1000℃ 退火后，在晶界处观察到大量细小析出相。此外，晶内形成了大量亚晶界，并在亚晶界处形成元素偏聚［图 6-36(a)］。采用选区电子衍射（SAED）对晶界位置的析出相颗粒进行了分析，结果见图 6-36 中（c）和（d）。选区电子衍射分析表明，晶界处具有两种含 Nb 析出相：Laves 相及 Nb_2C 颗粒，而 Laves 相紧挨 Nb_2C 颗粒分布。采用 TEM 对界面偏聚处进行 EDS 分析，结果见表 6-1。由表 6-1 可知，与基体区域相比界面富含 Mo、Nb 元素。此外，在晶界及亚晶界附近形成了 Mo、Nb 元素浓度梯度，而这些元素为 Laves 相的组成元素。

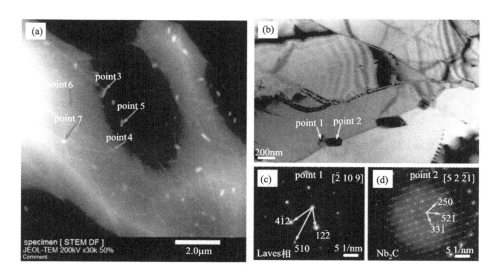

图 6-36　80% 压下率冷轧试样经 1000℃ 退火 1h 后析出相 TEM 和 SAED 分析

表 6-1　**图 6-36(a) 中分析点的 EDS 化学成分（质量分数）**　　　　　单位：%

位置	Fe	Cr	Si	Nb	Mo	Ni
point 3	54.5	22.0	4.3	9.2	8.3	1.7
point 4	58.9	28.8	1.4	3.5	4.2	1.7
point 5	56.1	28.1	1.9	8.3	4.1	1.5
point 6	62.5	32.9	0.8	—	2.2	1.6
point 7	58.1	27.0	2.5	5.3	5.5	1.6

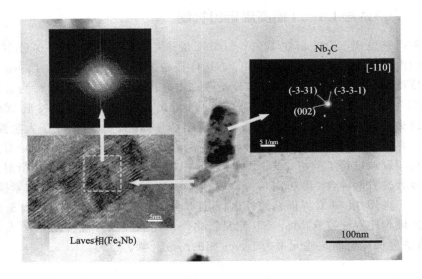

图 6-37 Laves 相与 Nb$_2$C 颗粒 TEM 形貌

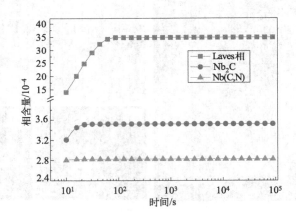

图 6-38 实验钢经 1100℃固溶处理后在 1000℃等温析出含量

  为了进一步分析 Laves 相与 Nb$_2$C 颗粒的形成，采用高分辨透射电子显微镜（HRTEM）分析了 1000℃短时间退火的试样（2min），结果见图 6-37。可以看出，细小的 Laves 相颗粒在 Nb$_2$C 周围析出。采用 JMatPro 软件计算了实验钢经 1100℃固溶处理后在 1000℃的等温析出规律，结果见图 6-38。在 1000℃等温处理后，超级铁素体不锈钢中产生 Laves 相、Nb$_2$C 及 Nb(C,N) 颗粒，这与 TEM 和 SEM 观察结果一致。V. Kuzucu 等研究了 Nb 含量对 18%Cr 铁素体不锈钢析出相的影响，发现当钢中 Nb 含量（质量分数）为 3% 时，在组织中可以观察到 Nb$_2$C 颗粒，而这些颗粒经 1100℃退火后消失。本章研究中，由于变形组织中含有高密度位错，经 1000℃退火后，晶内形成了大量的亚晶界，而位错、亚晶界的存在为 Nb、Mo 元素的扩散提供了通道，并在亚晶界处形成了元素偏聚。随着退火时间的延长，界面 Nb、Mo 元素含量积累到一定值后，Laves 相与 Nb_2C 开始析出。当退火温度为 1100℃时，晶内仅观察到 Nb(C,N) 颗粒，这与 V. Kuzucu 与 HSIAO 等的研究结果一致。

综上所述，冷轧变形过程中产生了高密度位错，在 1000～1050℃退火过程中形成了大量亚晶界。随着退火时间延长，Nb、Mo 元素在亚晶界位置聚集，当界面偏聚元素浓度达到 Laves 相形核成分要求后，Laves 相开始析出。而 1100℃退火过程中，变形组织快速完成再结晶，且 Nb、Mo 元素充分固溶至铁素体基体中，钢中主要形成 Nb(C,N) 颗粒。

6.6　Laves 相对再结晶和屈服行为的影响

6.6.1　Laves 相对再结晶晶粒尺寸的影响机制

由 6.2 节可知，950～1050℃高温退火过程中晶粒尺寸基本保持稳定。当退火温度超过 1050℃后，再结晶晶粒才发生明显粗化，这主要与高温退火过程中晶界纳米级 Laves 相析出相关。再结晶晶粒尺寸一般由形核与晶粒长大两方面控制，再结晶主要通过界面迁移完成，而界面处细小 Laves 相、Nb_2C 等颗粒可以钉扎界面，阻碍晶粒长大。分别计算了 Laves 相颗粒钉扎力与再结晶驱动力等，计算过程如下。

Zener 钉扎力（P_z）为：

$$P_z = \frac{3\gamma f l}{2\pi r^2} \tag{6-5}$$

式中　γ——单位面积界面的界面能；

f——析出相颗粒的体积分数；

l——晶粒平均截距长度。

l 可通过平均晶粒尺寸（D）计算：$l = \pi D/4$

退火过程中再结晶驱动力（P_r）为：

$$P_r = Gb^2 \Delta\rho/2 \tag{6-6}$$

式中　G——材料的剪切模量；

b——材料的伯氏矢量；

$\Delta\rho$——再结晶区域与未再结晶区域的位错密度差值。

根据 Taylor 强化面模型，$\Delta\rho$ 与 $\Delta\sigma$ 相关（其中泰勒因子 M 为 3）：

$$\Delta\sigma \sim 3/2 Gb \sqrt{\Delta\rho} \tag{6-7}$$

铁素体不锈钢在室温时剪切模量（G）约为 80GPa。冷轧试样与 1050℃ × 2min 退火后（完全再结晶）试样室温拉伸屈服强度差（$\Delta\sigma$）约为 500MPa，铁素体不锈钢伯氏矢量（b）约为 0.25nm。将以上参数代入式(6-7) 可以计算出位错密度差值（$\Delta\rho$）约为 $2.8 \times 10^{14}/\text{m}^2$。1000℃时铁素体不锈钢剪切模量（$G$）约为 50GPa，将数值代入式（6-6）可以计算出再结晶驱动力（P_r）约为 0.4MPa。

冷轧板经过 1000℃退火 1h 后，含 Nb 相（Laves 相与 Nb_2C）颗粒平均尺寸（r）约为 400nm，体积分数（f）约为 0.02，平均晶粒尺寸（D）约为 15μm，界面能（γ）约为 1J/m^2。将以上参数代入式(6-5) 计算 Zener 钉扎力（P_z）约为 0.7MPa。根据计算结果可知，再结晶驱动力与 Laves 等相的钉扎力接近。因此，经过 1000℃退火 1h 后再结晶仅基本完成，再结晶率约为 91%。由于<001>//ND 变形晶粒储能较低，退火过程中主要通过位错运动进行回复过程，因此仍保持沿轧向伸长状态（图 6-17）。

冷轧板经过 1050℃退火 1h 后，颗粒体积分数（f）约为 0.002，平均尺寸（r）约为 200nm，Zener 钉扎力（P_z）约为 0.3MPa。此时钉扎力小于再结晶驱动力（约为 0.4MPa），因此变形组织完成再结晶过程。

再结晶晶粒长大驱动力（P_g）为：

$$P_g = 2\gamma/D \tag{6-8}$$

代入相关参数计算可知，1000℃退火过程中晶粒长大驱动力（P_g）约为 0.14MPa，明显小于钉扎力，因此再结晶晶粒很难长大。1050℃ × 4h 退火过程中 Laves 相颗粒减少（$r \approx 6\mu$m，$f \approx 0.0059$），再结晶晶粒长大驱动力（P_g）减小到约 0.002MPa。此时，钉扎力较小，晶粒可以长大。1100℃退火后，未观察到 Laves 相，因此钉扎力消失，再结晶晶粒明显粗化。

6.6.2　Laves 相析出引起 Lüders 变形机制

由 6.3 节分析结果可知，超级铁素体不锈钢冷轧板经 1000℃退火在工程应力-工程应变曲线上出现了屈服平台（Lüders 变形），而屈服平台的出现将影响材料的成型性能。一般认为低碳钢中屈服平台与 C、N 溶质原子相关，而铁素体不锈钢中 Laves 相析出也能引起 C、N 元素的释放。

根据第 3 章式(3-2) 计算了铁素体不锈钢中 Laves 相固溶度。在 1050℃时，[Nb] 固溶度约为 0.40%，1000℃时约为 0.31%，950℃时约为 0.25%。实验钢中 [Nb] 含量为 0.37%，假如钢中所有的 [C] 都形成 NbC 颗粒，则需要消耗 0.12% 的 [Nb]；假如钢中的 [C] 全部形成 Nb_2C，则需要消耗 0.23% 的 [Nb]。

因此，形成 NbC 与 Nb_2C 两种碳化物时，需要消耗 $0.12\%\sim0.23\%$ 的 ［Nb］ 元素，剩余 $0.14\%\sim0.25\%$ 的 ［Nb］ 可能转变为 Fe_2Nb 型 Laves 相，但是剩余的 ［Nb］ 含量小于 $950\sim1050℃$ 时 ［Nb］ 的固溶度。因此，钢中不能通过 ［Nb］ 固溶度的降低形成 Fe_2Nb 相，这与 Fe_2Nb 相低温析出机制不同。

经研究发现含 3.0% Nb 的铁素体不锈钢中可以形成 Nb_2C 颗粒。随着退火温度升高，Nb_2C 将转变为 NbC 颗粒。本章研究中，冷轧板在退火过程中形成了大量的亚晶界，并在亚晶界及晶界处产生了明显的 Nb、Mo 偏聚，而界面偏聚处 Nb 含量均超过 3.0%（参见表 6-1）。因此钢中界面处能够形成 Nb_2C。随着退火温度升高，Nb_2C 将向 Fe_2Nb 与 NbC 转变，如下式所示：

$$Fe+Nb_2C \longrightarrow [C]+Fe_2Nb \longrightarrow Fe+NbC \tag{6-9}$$

高温退火后形成了大量的 Fe_2Nb 相，且 Fe_2Nb 相紧挨着 Nb_2C 相分布。此外，随着 Nb_2C 颗粒向 Fe_2Nb 相转变，Nb_2C 中的 ［C］ 元素逐渐被释放出来，如图 6-39 所示。室温拉伸过程中，钢中释放的 ［C］ 元素与位错相互作用，产生柯氏气团（Cottrell atmosphere），引起 Lüders 变形，随着退火温度进一步升高至 $1050\sim1100℃$，［C］ 元素进一步均匀化。此外，钢中形成了大量的 NbC 或 Nb(C,N) 颗粒，消耗了自由 ［C］ 原子，因此 Lüders 变形消失。

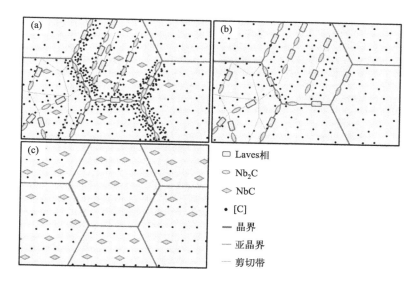

图 6-39 Laves 相高温形成示意图

退火温度高于 $1050℃$ 时，获得了良好的拉伸塑性，其断后伸长率约为 20%。此外，还形成了强的 γ-纤维织构，有利于产品成型加工。因此，冷轧板 $1050℃$ 以上短时间退火能够获得细小的组织及良好的力学性能。

6.7 利用 Laves 相调控组织织构技术展望

超级铁素体不锈钢中 Laves 相析出导致的材料脆化与其尺度相关，纳米级 Laves 相析出并不恶化材料的韧性，反而具有细化再结晶晶粒和优化织构的有利作用。此外，轧制变形可以诱导纳米级 Laves 相高温析出，而 Laves 相的高温析出温度区间与铁素体变形组织再结晶温度区间重叠，这为利用纳米级 Laves 相析出行为调控再结晶组织织构提供了工艺窗口。综上所述，可以通过一体化调控轧制变形、退火温度，诱导足量纳米级 Laves 相析出，通过预析出 Laves 相调控组织织构，获得良好力学性能的超级铁素体不锈钢。

第 **7** 章

低温加热制备超级
铁素体不锈钢工艺设计

　　超级铁素体不锈钢冷轧退火板的制备流程中，一般需要经历板坯热轧→冷却→卷曲→冷却→固溶→冷轧→再结晶退火等主要工艺。本书第 2～6 章分别研究了热轧板固溶退火过程组织演变及力学性能、等温时效过程中 σ-相等中间相的演变规律及对力学性能的影响规律、热轧变形加速 σ-相析出机制以及冷轧组织退火过程中组织演变及力学行为，明确了超级铁素体不锈钢的脆化机制及改善途径，初步探索了各阶段关键工艺参数点。特别是第 6 章研究观察到纳米级 Laves 相高温析出，且并未发现高温析出纳米级 Laves 相会恶化材料的力学性能。基于以上研究结果，本章在实验室条件下初步设计低温固溶处理（预析出 Laves 相），并采用一阶段大压下率冷轧法（图 7-1）和两阶段冷轧＋中间退火法（图 7-2）两种工艺制备超级铁素体不锈钢，并比较两种工艺条件下微观组织与析出相的演变规律以及力学与耐腐蚀性能，旨在实验室条件下探索可行的制备流程，为最终设计工业化生产流程提供理论及技术基础。

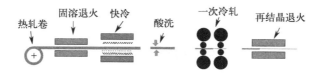

图 7-1　一阶段冷轧法制备超级铁素体不锈钢工艺路线

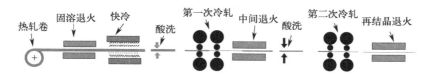

图 7-2　两阶段冷轧法制备超级铁素体不锈钢工艺路线

7.1 超级铁素体不锈钢成分设计

实验材料为 Nb、Ti 双稳定化的 27Cr-4Mo-2Ni 超级铁素体不锈钢热轧板坯，厚度为（4.2±0.1）mm。热轧温度为 1150～980℃，初轧厚度为 200mm。实验材料化学成分见表 7-1。

表 7-1　27Cr-4Mo-2Ni 超级铁素体不锈钢的化学成分（质量分数）

元素	C	Si	Mn	P	S	Cr	Ni	Mo	Cu	Nb	Ti	N
含量/%	0.015	0.4	0.23	0.022	0.002	27.57	1.98	3.72	0.05	0.37	0.14	0.016

7.2 微观组织演变规律

7.2.1 热轧与固溶组织

图 7-3 分别为热轧板及固溶板的金相组织。由图 7-3 可知，试样均由单一的铁素体晶粒组成。热轧晶粒沿轧向（RD）显著伸长，经过 1050℃×10min 固溶处理后，变形组织完成了再结晶，但再结晶晶粒仍表现出沿轧制方向伸长的特征，平均晶粒尺寸约为 179.3μm。此外，热轧组织变形不均匀，一些晶粒变形程度较大，晶内粗糙；而一些晶粒变形程度较小，晶内比较光滑。在变形程度较大的晶粒内部观察到大量的剪切带，剪切带与轧制方向偏转约为 35°。晶粒间变形不均匀性主要与晶粒的晶体取向相关，泰勒因子较大的晶粒内部容易形成剪切带。

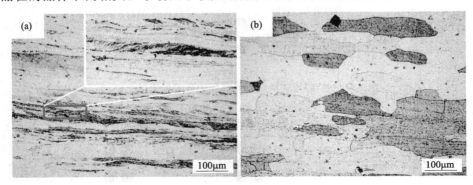

图 7-3　热轧板及固溶板的金相组织
（a）热轧板；（b）固溶板

7.2.2　冷轧与再结晶组织

图 7-4 为一阶段冷轧法试样的冷轧与最终再结晶退火组织。固溶试样经过一阶段冷轧后，由于压下率大（约 81.0%），晶粒发生了剧烈变形，并沿轧向（RD）显著伸长。冷轧后变形组织不均匀，在一些晶粒内部观察到大量的剪切带，这些剪切带排列致密。冷轧试样经过 1050℃ 退火 5min 后，变形组织完成再结晶，形成了细小的等轴晶，平均晶粒尺寸约为 16.2μm。

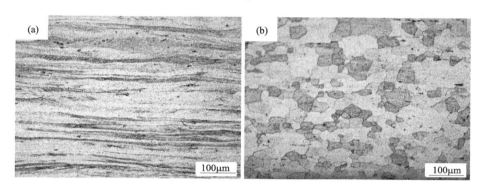

图 7-4　一阶段冷轧工艺试样的冷轧及再结晶退火组织

（a）冷轧；（b）再结晶退火

图 7-5 为两阶段冷轧法制备试样的冷轧与再结晶退火组织。如图 7-5（a）所示，

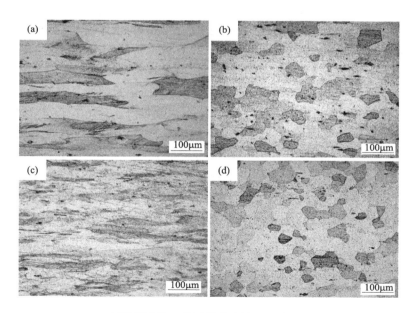

图 7-5　两阶段冷轧工艺试样的冷轧及再结晶退火组织

（a）第一次冷轧；（b）中间退火；（c）第二次冷轧；（d）再结晶退火

固溶板经过第一次冷轧后，形成了变形组织，晶粒沿轧向伸长。与一阶段冷轧组织相比，由于两阶段冷轧法中第一次冷轧的压下率较小（约 52.4 %），其变形程度较小。但晶粒间变形也不均匀，在变形程度较大的晶粒内部同样观察到剪切带。第一次冷轧后试样经过 1060℃ 中间退火 6min 后，变形组织完成了再结晶，形成均匀的等轴晶，但晶粒较粗。平均晶粒约为 28.7μm。中间退火试样经过第二次冷轧后（压下率约为 60.0%），晶粒又开始沿轧向伸长。由于压下率较大，且轧制前组织细小（与一次冷轧前的固溶态相比）；与第一次冷轧组织相比，第二次冷轧变形更加剧烈，晶粒伸长程度较大。第二次冷轧试样经过 1050℃×5min 最终退火后，变形组织完成了再结晶，形成了均匀的等轴晶，其平均晶粒尺寸约为 22.4μm。

7.2.3　中间退火对组织、织构演变的影响

　　超级铁素体不锈钢冷轧退火板（或简称冷退板）制备流程中，在热轧及冷轧变形后，需要进行高温退火。高的退火温度一方面是为了完成再结晶；另一方面是为了充分固溶，避免脆性相的形成。但过高的加热温度将引起晶粒粗化，恶化材料的韧性；而固溶温度过低又增加了 σ-相等脆性相的析出风险。一旦 σ-相析出，将严重降低材料的韧性与耐腐蚀性能。因此，采用合理的固溶温度，获得均匀细小的再结晶组织，是制备超级铁素体不锈钢薄板的关键。基于本书第 2 章和第 6 章研究结果，本章设计较低的固溶处理温度，约为 1050℃。

　　采用 EBSD 技术，分析了热轧态与固溶退火态样品的组织特征及织构，结果如图 7-6 所示。热轧过程中，热轧前连铸坯厚度约为 200mm，热轧板开轧温度为 1150℃，终轧温度约为 980℃，终轧厚度约为 4.2mm。由于实验钢中 Cr、Mo 等铁素体形成元素含量较高，连铸坯加热至 1150℃后，实验钢为单一的 δ 铁素体（参见本书第 2 章中图 2-1 计算的热力学相图）。由于铁素体不锈钢层错能较高，高温轧制后材料主要由动态回复组织组成，形成了沿轧向伸长的回复型铁素体组织，其再结晶率仅为约 3.6%。由于热轧压下率大（200mm→4.2mm，约 98%），且终轧温度较低，因此在晶粒内部形成了大量的剪切带。热轧后材料形成了强的全 α-纤维织构（{001}～{111}<110>）和部分 γ-纤维织构。其中，γ-纤维织构主要集中在 {111} <110>织构组分，织构强度峰值为 {110}<1$\bar{1}$0>，强度约为 13。一般认为铁素体不锈钢中形成的 γ-纤维织构有利于材料成型及变形。热轧板经过 1050℃×10min 固溶处理后，材料基本完成了再结晶，再结晶比例约为 96%，但织构现象较弱，因此对于高 Cr、Mo 铁素体不锈钢，其所需固溶温度较高。

　　一阶段冷轧工艺流程中，固溶处理试样经过轧制后，由于冷轧压下率高（约 81%），冷轧变形比较剧烈，形成了细长的纤维组织，且晶粒内部出现了大量的剪切带。在两阶段冷轧工艺流程中，第一次冷轧后，由于冷轧压下率较小（52.4%），形成了不均匀的变形组织。第一次冷轧试样经过 1060℃ 中间退火后，获得的等轴晶尺寸较大，其平均晶粒尺寸约为 28.7μm。中间退火后，试样的择优取向现象几

乎消失，未观察到明显的织构现象。中间退火试样经过第二次冷轧后，重新形成了变形组织。由于中间退火试样晶粒尺寸较固溶试样晶粒细小，因此二次冷轧后试样的晶粒伸长程度较弱。

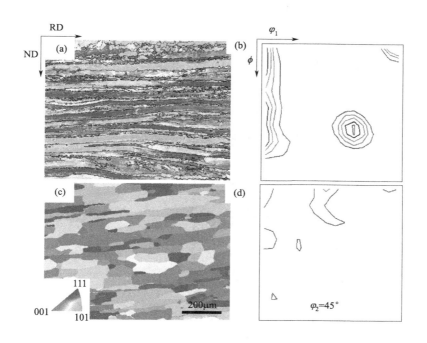

图 7-6　热轧态与固溶态试样的 EBSD 组织与织构
（a），（b）热轧板；（c），（d）固溶退火板

　　一阶段冷轧工艺与两阶段冷轧工艺冷轧板在相同的最终退火后，均完成了再结晶过程。由于一阶段冷轧压下率高，变形储能高，且晶内剪切带为再结晶形核提供了更多的质点，因此其再结晶晶粒尺寸较小。此外，试样中 TiN 颗粒的存在，一方面，增大了试样在冷轧过程中的变形抗力，增加了变形储能，提供了更高的再结晶驱动力；另一方面，破碎的 TiN 颗粒周围形成了高应变区（形成了小角度晶界），可作为粒子激发再结晶形核的质点，均有利于进一步细化再结晶晶粒。织构分析表明，两种冷轧退火试样均为单一的 γ-纤维织构，织构强度峰值位于 {111} <112>织构组分，但一阶段冷轧工艺最终再结晶退火试样具有更高的织构强度。这些 {111} <112>织构可能遗传自热轧板中形成的强 {111} <112>织构组分。对于铁素体不锈钢而言，两阶段冷轧工艺过程中的中间退火能够显著弱化再结晶退火试样中的旋转立方织构，并提高 γ-纤维织构。但在本章实验中，由于中间退火温度高，弱化了强 γ-纤维织构的遗传特性，最终导致两阶段冷轧工艺退火试样中 γ-纤维织构较弱。退火态试样的组织与织构见图 7-7。

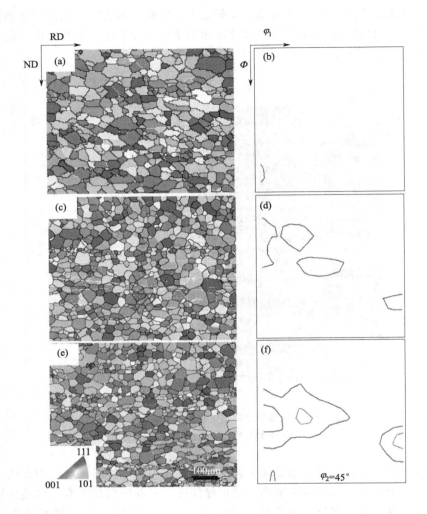

图 7-7 退火态试样 IPF 与 $\varphi_2 = 45°$ ODF

（a），（b）两阶段冷轧路线的中间退火板；（c），（d）两阶段冷轧路线的最终退火板；

（e），（f）一阶段冷轧路线的最终退火板

7.3 析出相演变规律

7.3.1 析出相类型

图 7-8 为热轧试样中析出相形貌。热轧板中主要存在 TiN 与 Nb（C,N）两种颗

粒，在 SEM-BSE 模式下，TiN 为深色，具有规则形状，尺寸约为 2～5μm；而 Nb(C,N) 呈亮白色，为短棒状，尺寸约为 0.3～1.0μm。其中 TiN 颗粒随机分布，而 Nb(C,N) 颗粒一部分分布在 TiN 颗粒周围，另一部分沿热轧晶界呈直线分布。热轧试样经过较低温度（1050℃）固溶处理后，析出相分布如图 7-9(a) 所示。固溶试样中除了 TiN 与 Nb(C,N) 两种颗粒外，在 Nb(C,N) 颗粒附近还观察到亮白色析出相（BSE 模式），其宽度约为 100～300nm，长度约为 400～600nm，见图 7-9(b)。EDS 分析结果表

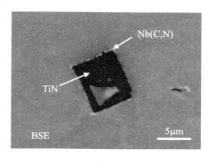

图 7-8　热轧板中 TiN 与
Nb（C,N）颗粒形貌

明，亮白色析出相主要含有 Fe、Cr、Mo、Nb、Si、Ni 元素（Fe 为 56.5％，Cr 为 23.3％，Mo 为 9.5％，Nb 为 7.4％，Si 为 1.6％，Ni 为 1.8％，质量分数）。初步确定该类析出相为 Laves 相。试样中其他典型析出相的 EDS 结果如图 7-10 所示。采用 TEM 在试样中同样观察到 Laves 相，如图 7-11 所示。结合 EDS 分析结果，可知该亮白色析出相为 $(Fe,Cr,Ni)_2(Mo,Nb,Si)$ 型 Laves 相。

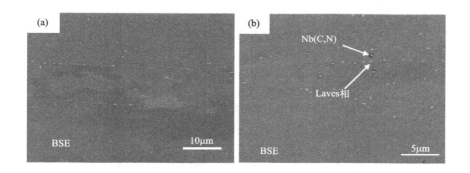

图 7-9　固溶板中析出相分布

由于钢中含有 Nb(C,N) 和 Laves 相等两类含 Nb 析出相，图 7-12 对比了 NbC 与 Laves 相形貌与衬度。虽然两种颗粒尺寸相近，但在 SE（扫描电镜的二次电子信号）和 BSE 模式下均具有不同的衬度，因此可以采用 SE 与 BSE 模式形貌衬度对比、区分 Laves 相及 NbC 颗粒。

7.3.2　制备流程中析出相演变规律

超级铁素体不锈钢因含有较多的 Cr、Mo 元素而具有优异的耐腐蚀性能。当材料中形成 σ-相等中间相时，材料的耐腐蚀性能下降。因此，不锈钢制备流程中核心控制目标就是避免有害中间相的析出。

超级铁素体不锈钢中高含量的 Cr、Mo 元素，一方面可以提高材料的耐腐蚀性

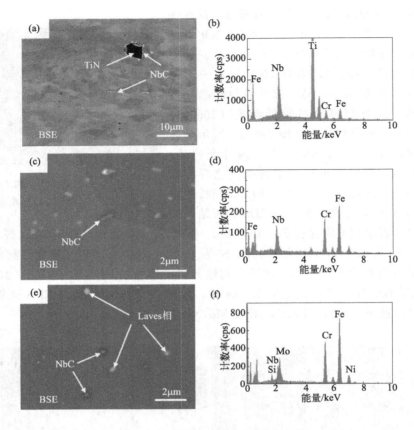

图 7-10 一阶段冷轧工艺典型析出相的形貌及 EDS 结果

（a）和（b）TiN；（c）和（d）NbC；（e）和（f）Laves 相

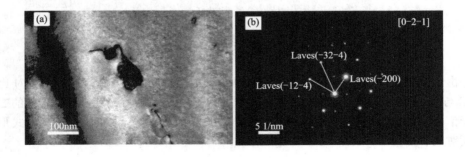

图 7-11 Laves 相的 TEM 及 SAED

（a）TEM；（b）SAED

能，但另一方面也增加了组织控制的难度。钢中的 Cr 元素容易与 C、N 元素形成一系列中间相，如 Cr_2N、$Cr_{23}C_6$ 等碳氮化物。这些碳氮化物的形成将降低基体中

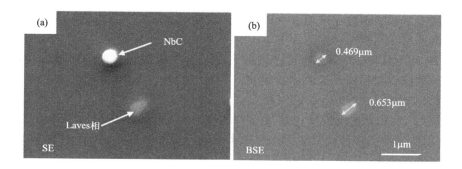

图 7-12 NbC 与 Laves 相对比
（a）SE 模式；（b）BSE 模式

Cr 元素的有效含量，从而降低材料的耐腐蚀性能。因此，需要严格控制钢中 C、N 元素的含量。实际生产过程中，考虑到成本与技术因素，一般控制 C、N 含量小于 150mg/kg。此外，通过在钢中添加过量的 Nb、Ti 元素固定 C、N 杂质的方式来减少 C、N 元素对耐腐蚀性能及力学性能的危害。因此，本书所述超级铁素体不锈钢采用了 Nb、Ti 双元素添加的方式来稳定钢中的 C、N 杂质元素（参见表 7-1）。

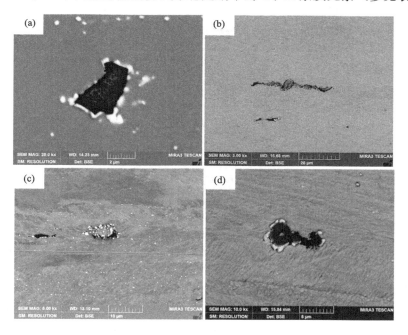

图 7-13 固溶与冷轧试样中的 TiN 颗粒形貌
（a）固溶态；（b）一阶段冷轧工艺；（c）两阶段冷轧工艺第一次冷轧；
（d）两阶段冷轧工艺第二次冷轧

由计算相图可知（图 3-1），高温条件下钢中将形成 TiN 与 Nb(C,N) 两种第二相。其中，TiN 颗粒在液相中形成，析出温度约为 1497℃。Nb(C,N) 颗粒主要在固溶中析出，其析出温度约为 1260℃。本章采用的热轧温度为 1150～980℃，低于 TiN 和 Nb(C,N) 的形成温度。因此，热轧过程中两种颗粒热力学上均保持相对稳定。本章研究采用较低的固溶温度，约为 1050℃。因此，热轧板固溶处理过程中，TiN 与 Nb(C,N) 保持相对稳定。但在固溶过程中在 Nb(C,N) 颗粒周围观察到 Fe_2Nb 型 Laves 相析出，其尺寸约为 300～400nm。在随后的冷轧过程中，TiN、Nb(C,N) 仍保持相对稳定。但由于冷轧过程变形量较大，TiN 颗粒被轧碎，并沿轧向分散分布，如图 7-13 所示。由于一阶段冷轧工艺轧制压下率最大，因此一阶段冷轧后 TiN 颗粒破碎程度更加明显。冷轧试样中破碎的 TiN 在随后的退火过程中仍保持沿轧向分散的状态，如图 7-14 所示。

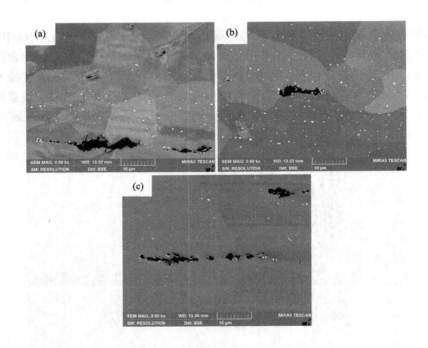

图 7-14 冷轧退火试样中的 TiN 颗粒形貌

(a) 一阶段冷轧工艺再结晶退火；(b) 两阶段冷轧中间退火；(c) 两阶段冷轧工艺再结晶退火

冷轧试样经过最终退火后，热轧退火板中形成的 Laves 相保留下来。此外，在 Nb(C,N) 颗粒周围，继续形成了 Fe_2Nb 型 Laves 相，尺寸约为 550～650nm。由于 Nb(C,N) 颗粒富含 Nb 元素，因此 Fe_2Nb 型 Laves 相优先在其周围形核，并通过 Nb 元素的短程扩散不断增多。随着 Laves 相不断析出，粗大的 Nb(C,N) 颗粒逐渐转变为较小尺寸的 NbC 颗粒，见图 7-15（Laves 相的转变机制详见第 3 章）。一般认为，铁素体不锈钢的晶粒尺寸影响 Laves 相析出动力学。当晶粒较粗时，由于晶界形核质点较少，其析出动力学缓慢。两阶段冷轧工艺中，中间退火后冷轧变形储存的变形能被消耗。此外，一阶段冷轧压下率约为 81%，而两阶段冷轧工艺中第二次冷轧压下率仅为 60%。因此，一阶段冷轧工艺变形组织储能更高。此外，一阶段冷轧组织中形成了大量的剪切带，再结晶形核质点较多。所以，最终退火后，一阶段冷轧工艺获得了比较细小均匀的组织，晶粒尺寸约为 16μm。细小晶粒具有更多的晶界，为 Laves 相析出提供了更多的形核质点。因此，一阶段冷轧工艺退火试样中形成了较多的 Laves 相，其体积分数约为 2.1%。而两阶段冷轧工艺试样中 Laves 相的含量仅为约 1.0%。此外，根据第 3 章研究结果可知，变形组织能够促进 Laves 相形核。因此，大压下率冷轧也促进形成了更多的 Laves 相。

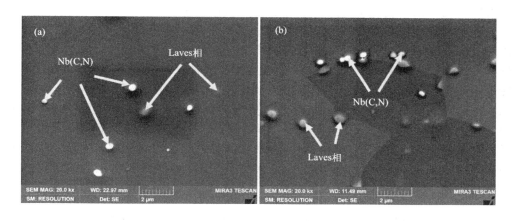

图 7-15　最终退火试样中的 Laves 相及 Nb(C，N) 颗粒
（a）一阶段冷轧；（b）两阶段冷轧

7.4　力学性能

分别测量了不同阶段试样的室温力学性能与显微硬度，结果见表 7-2。热轧过程中形成了高密度位错，由于位错强化作用，热轧板具有较高的强度及显微硬度，其抗拉强度约为 695MPa，屈服强度约为 590MPa，硬度约为 263 HV，而其断后伸长率仅为 19.5%。固溶处理后，再结晶基本完成，消除了加工硬化，试样的强度及硬度明显下降，塑性略微提高，断后伸长率约为 22.5%。综合比较，采用一阶段冷轧法与两阶段冷轧法制备的超级铁素体冷退板强度均较高，塑性均较好。其中一阶段冷轧工艺制备试样的强度及断后伸长率均高于两阶段冷轧工艺制备的试样。

表 7-2　实验钢不同状态的力学性能

试样	抗拉强度/MPa	屈服强度/MPa	屈强比	断后伸长率/%	显微硬度（HV）
热轧态	695	590	0.85	19.5	263
固溶态	610	490	0.80	22.5	249
一阶段冷轧退火板	641	520	0.81	27.3	238
两阶段冷轧退火板	610	494	0.81	24.4	222

　　热轧试样具有较高的强度、硬度和较低的断后伸长率。这主要是热轧变形引起的较高的加工硬化及 Cr、Mo 固溶强化共同作用的结果。热轧板固溶处理后，加工硬化消除，试样力学性能逐步恢复。其中，断后伸长率约为 22.5%，满足冷轧变形的要求。两种冷轧工艺制备的冷退板退火试样中虽然都形成了一定量的纳米/亚微米级 Laves 相，但两种试样均具有较高的强度及良好的延伸率。由于冷退板组织均匀细小，其力学性能优于热轧退火板。对比两种试样力学性能可知，一阶段冷轧工艺制备的冷退板具有更高的强度、硬度以及更大的断后伸长率。这主要是由于一阶段冷轧退火试样具有更细小均匀的组织，而细晶组织一方面通过细晶强化提高试样强度，另一方面细晶组织能够协调晶间变形，从而提高延伸率。此外，一阶段工艺试样中更多纳米级 Laves 相的析出也提供了更多析出强化作用。

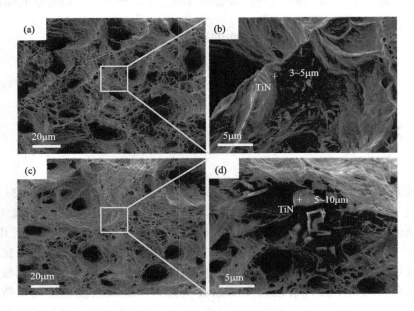

图 7-16　最终退火试样拉伸断口形貌

（a）、（b）一阶段冷轧；（c）、（d）两阶段冷轧

采用 SEM 分析了两种工艺制备的冷轧退火试样拉伸实验断口形貌，结果如图 7-16 所示。由图可知，两种试样断口主要由韧窝组成，表现出韧性断裂的特征。在韧窝的边缘观察到块状 TiN 颗粒，其尺寸为微米级。因此，试样断裂过程中裂纹萌生于 TiN 颗粒周围区域，而纳米级 Laves 相对其韧性的影响较小。

7.5　耐点蚀性能

采用浸泡法测量最终退火试样在 $FeCl_3$ 溶液中的耐腐蚀性能。其中，采用两阶段冷轧工艺制备的冷退板的均匀腐蚀速率约为 0.022mm/y；而一阶段冷轧工艺制备试样的均匀腐蚀速率约为 0.033mm/y。

超级铁素体不锈钢在氯离子环境中的耐腐蚀性能与 Cr、Mo 元素含量直接相关，一般可以通过耐点蚀当量（PREN 或 PRE，为 Cr%＋3.3%Mo）的大小来评估耐腐蚀性能的优劣。其中，PREN 值越大，材料的耐点蚀性能越好，而 Mo 元素耐点蚀效果更好。基于化学成分，计算了实验钢的 PREN 值，约为 39.8。经 65℃ $FeCl_3$ 酸溶液浸泡 168h 后，两种工艺冷轧退火试样的均匀腐蚀速率分别为 0.033mm/y 与 0.022mm/y，表明两种工艺退火试样均具有优异的耐腐蚀性能。采用 SEM 分别观察了退火试样浸泡不同时间后的表面形貌，结果如图 7-17 所示。

由图 7-17 可知，随着在氯离子环境中浸泡时间的延长，两种工艺制备的冷轧退火试样的腐蚀程度逐渐增加，并在试样表面形成了一定数量的点蚀坑，且点蚀坑数量逐渐增加，尺寸逐渐扩大。其中浸泡 48h 后，一阶段冷轧退火试样已经形成了明显的点蚀坑；而两阶段冷轧退火试样在 72h 后才形成明显的点蚀坑。浸泡时间达到 168h 后，一阶段冷轧退火试样的上表面形成了约 30 个点蚀坑，点蚀坑最大尺寸约为 $500\mu m$；而两阶段冷轧退火试样上表面仅形成了 6 个点蚀坑。其中，仅有 3 个点蚀坑尺寸超过 $50\mu m$。点蚀坑数量越多，尺寸越大，表明其耐腐蚀性能越差，腐蚀形貌变化规律与测试的均匀腐蚀速率相吻合。因此，可以认为一阶段冷轧退火试样耐腐蚀性能较两阶段冷轧退火试样稍差。

根据组织分析结果可知，冷轧退火试样中形成了一定数量的 Laves 相，且 Laves 相富含 Mo 元素。当 Laves 相析出后，由于 Mo 元素的消耗，析出相附近的基体区域形成贫 Mo 区。Mo 元素对耐点蚀性能的贡献是 Cr 元素的三倍。因此，Laves 相析出引起的贫 Mo 区会明显降低材料的耐点蚀性能。由于一阶段冷轧退火试样中的 Laves 相含量高于两阶段冷轧退火试样，因此其耐点蚀性能较两阶段冷轧退火试样差。对比退火试样力学性能及耐腐蚀性能结果可知，耐点蚀性能较力学性能对 Laves 相析出更加敏感。

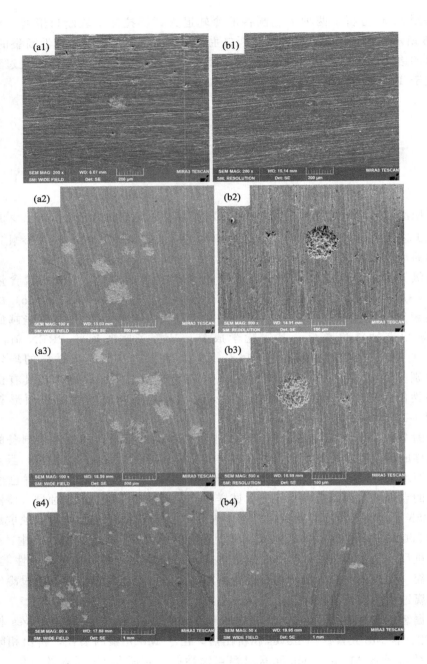

图 7-17 一阶段冷轧及两阶段冷轧工艺制备试样浸泡不同时间的腐蚀形貌
(a1, b1) 48h; (a2, b2) 72h; (a3, b3) 120h; (a4, b4) 168h
(a1)~(a4) 为一阶段冷轧工艺制备试样; (b1)~(b4) 为两阶段冷轧工艺制备试样

7.6　低温加热制备超级铁素体不锈钢技术展望

　　本章基于低温固溶处理设计了一阶段冷轧与两阶段冷轧＋中间退火两种工艺流程，在实验室条件下制备了超级铁素体不锈钢冷轧退火薄板，对比研究了两种工艺流程下微观组织、织构及析出相演变规律，分析了微观组织及析出相对力学性能及耐腐蚀性能的影响机制。同时，提出使用一阶段冷轧与两阶段冷轧工艺制备超级铁素体不锈钢，优化其断后伸长率与腐蚀速率。两种工艺均能获得力学性能良好、耐腐蚀性能优异的超级铁素体不锈钢冷轧退火板。

参考文献

[1] 康喜范. 铁素体不锈钢 [M]. 北京：冶金工业出版社，2012：358.

[2] 刘振宇，江来珠. 铁素体不锈钢的物理冶金学原理及生产技术 [M]. 北京：冶金工业出版社，2014：254.

[3] Lu H H, Luo Y, Guo H K, et al. Microstructural evolution and mechanical properties of 27Cr-4Mo-2Ni ferritic stainless steel during isothermal aging [J]. Materials Science & Engineering A, 2018, 735：31-39.

[4] Lu H H, Guo H K, Luo Y, et al. Microstructural evolution, precipitation and mechanical properties of hot rolled 27Cr-4Mo-2Ni ferritic steel during 800℃ aging [J]. Materials & Design, 2018, 160：999-1099.

[5] Lu H H, Guo H K, Zhang W G, et al. Improving the mechanical properties of the AISI 430 stainless steels by using Q&P and Q&T processes [J]. Materials Letters, 2019, 240：275-278.

[6] Lu H H, Li W Q, Du L Y, et al. The effects of martensitic transformation and $(Fe,Cr)_{23}C_6$ precipitation on the properties of transformable ferritic stainless steel [J]. Materials Science and Engineering：A, 2019, 754：502-511.

[7] Lu H H, Guo H K, Du L Y, et al. Formation of intermetallics and its effect on microstructure and mechanical properties of 27Cr-4Mo-2Ni super ferritic steels [J]. Materials Characterization, 2019, 151：470-479.

[8] Lu H H, Lei W W, Luo Y, et al. Microstructural evolution, precipitation and mechanical properties of 27Cr-4Mo-2Ni super ferritic stainless steels [J]. JOM, 2019, 71：4086-4095.

[9] Lu H H, Guo H K, Liang W, et al. High-temperature Laves precipitation and its effects on the recrystallization behavior and Lüders deformation in super ferritic stainless steels [J]. Materials & Design, 2020, 188：108477.

[10] Lu H H, Guo H K, Zhang W G, et al. Effects of prior deformation on precipitation behavior and mechanical properties of super-ferritic stainless steel [J]. Journal of Materials Processing Technology, 2020, 281：116645.

[11] Lu H H, Guo H K, Liang W, et al. The precipitation behavior and its effect on mechanical properties of cold-rolled super-ferritic stainless steels during high temperature annealing [J]. Journal of Materials Research and Technology, 2021, 12：1171-1183.

[12] Lu H H, Shen X Q, Liang W. Effects of grain sizes on precipitation behavior in super-ferritic stainless steels during a long-time aging [J]. Acta Metallurgica Sinica-English Letters, 2021, 34（9）：1285-1295.

[13] Lu H H, Guo H K, Liang W. The dissolution behavior of σ-phase and the plasticity recovery of precipitation-embrittlement super-ferritic stainless steel [J]. Materials Characterization, 2022, 190：112050.

[14] Du Y F, Lu H H, Shen X Q. Coupled effects of banded structure and carbide precipitation on mechanical performance of Cr-Ni-Mo-V steel [J]. Materials Science and Engineering：A, 2022, 832：142478.

[15] Meng L X, Li W Q, Shi Q X, et al. Effect of partitioning treatment on the microstructure and properties of low-carbon ferritic stainless steel treated by a quenching and partitioning process [J]. Materials Science & Engineering A, 2022, 851：143658.

[16] Liu Z G，Wang Y M，Zhai Y D，et al. Corrosion behavior of low alloy steel used for new pipeline exposed to H_2S-saturated solution [J]. International Journal of Hydrogen Energy，2022，77（47）：33000-33013.

[17] 鲁辉虎，骆毅，梁伟. 热轧后补热对超级铁素体不锈钢中 σ-相析出行为的影响 [J]. 材料热处理学报，2021，42（09）：105-111.

[18] 孟立鑫，鲁辉虎，李文琪，等. 预变形对超级铁素体不锈钢 Sigma 相析出的影响 [J]. 材料热处理学报，2021，42（01）：104-109.

[19] 鲁辉虎，杜凌云，沈兴全，等. 一种处理脆化后的高铬铁素体不锈钢板的方法：CN114086087B [P]. 2022-07-26.

[20] 鲁辉虎，杜云飞，张栋，等. 一种提高铁素体不锈钢强度的热处理方法：CN112481467B [P]. 2022-07-19.

[21] 鲁辉虎，沈兴全，石上瑶，等. 一种制备高铬、高钼铁素体不锈钢的方法：CN112647026B [P]. 2022-06-14.

[22] Dowling N，Kim J N，Kim H，et al. Corrosion and toughness of experimental and commercial super ferritic stainless steels [J]. Corrosion，1999，55（8）：743-755.

[23] 黄蕾，孟文俊，李天宝. 超级铁素体不锈钢换热器在海水中的应用 [J]. 石油和化工设备，2013，16（02）：51-55.

[24] Janikowski D S. Super-ferritic stainless steels rediscovered [J]. Stainless World，2005：184-190.

[25] Azevedo C R F，Padilha A F. The most frequent failure causes in super ferritic stainless steels：are they really super? [J]. Procedia Structural Integrity，2019，17：331-338.

[26] Ma L，Hu S，Shen J，et al. Effects of Cr content on the microstructure and properties of 26Cr-3.5Mo-2Ni and 29Cr-3.5Mo-2Ni super ferritic stainless steels [J]. Journal of Materials Science & Technology，2016，32（6）：552-560.